推荐语

"Excel在全球有超过7.5亿名用户，但如何用它创建可视化图表对于很多人来说似乎无能为力。在这本书中，Jonathan Schwabish提供了按部就班的指导，让你用Excel也能制作出令人惊艳的图表，而很多人（包括我自己）曾经认为这些图表是无法用Excel做出来的。在每一章中，你都将学到如何用Excel实现一些大多数人认为必须用Python或R才能实现的图表效果。"

——Bill Jelen，Excel MVP，MrExcel.com创始人

"看过《更好的数据可视化指南》并拓展了自己数据可视化能力的人，一定会喜欢这本书的内容。作者Jonathan在本书中讲述了如何用Excel制作各类图表。书中的例子实用、易于理解，且作者文笔风趣。如果你要使用数据进行交流，并且对用Excel制作图表缺乏信心，我强烈推荐你把这本书纳入你的知识库中！"

——Cole Nussbauer Knaflic，用数据讲故事（SWD）公司创始人兼CEO

"这本书阐释了如何通过"古老"而优秀的Excel制作出漂亮且有冲击力的图表。如果你想用Excel制图技巧震惊你的老板，那么这本书就是为你准备的。书中不仅解释了图表的制作过程，还指导读者如何高品质地呈现数据。真希望我开始做数据分析师时就能有这本书。必买！"

——Chandoo（Purna Duggirala），微软MVP，Chandoo.org创始人

"这本书将刷新你对Excel图表功能的认知。它向你展示了如何轻松运用数据可视化的原则，以及如何完成数据可视化的最佳实践。在这个过程中，它使Excel的操作变得简单且高效，并让你能够创建更高级的图表。"

——Jon Peltier，Peltier技术服务公司CEO

"感谢Jonathan Schwabish给我们提供了一本如此清晰的操作手册！《Excel数据可视化实操指南》向我们展示了Excel在数据可视化方面的广度和深度，从而让我们对数据的见解能触及更广泛的人群！我把这本书作为我的首选教材，教我自己及我的学生在Excel中创建更好、更有效的各种图表，将早期书中启发我们的数据可视化概念和策略付诸实践。"

——Kosali Simon，印第安纳大学奥尼尔公共与环境学院杰出教授

"如果你不去使用Excel默认的图表设置，你会发现一个全新的世界，而Jonathan的新书将会助你一臂之力。书中详细的分步骤案例将向你展示如何充分利用Excel的灵活性，避免使用那些默认的设计和格式选项；以及如何在表格上直接可视化展示数据，其效果甚至可以超越图表库里的现有图表。除此之外，Jonathan还是一名沟通专家，因此他给出的许多案例都与如何有效沟通有关（许多分析工作者都能从中受益），这些案例能够指导大家更合理地将数据可视化。"

——Jorge Camões，数据可视化顾问，Excelcharts.com创始人

"希望打磨制图能力的数据可视化从业者会面临三个核心问题：什么？什么时候？如何？即：有哪些不同的选择？我应该什么时候使用？我该如何制作？Jonathan的畅销书《更好的数据可视化指南》解决了前两个问题，还提供了其他有价值的信息。而这本新书则解决了如何制作的问题。对于Excel用户，无论你是初学者还是高级用户，这本书都将成为你必不可少的实用伴侣。你将学会如何以最有效的方式优雅地应用Excel的图表功能，同时，你将发现如何真正让Excel发挥作用，并找到新颖的方法和巧妙的解决方案来进一步扩展你的视觉库。"

——Andy Kirk，独立顾问、教育家和作家，visualisingdata.com创始人

DATA VISUALIZATION IN EXCEL
A Guide for Beginners, Intermediates, and Wonks

Excel数据可视化实操指南

[美] Jonathan Schwabish 著 易炜 译

电子工业出版社
Publishing House of Electronics Industry
北京·BEIJING

内容简介

这本书颠覆了人们对"Excel 可以做什么"的认知。在过去的几年里，人们认识到数据可视化的重要性，这导致数据分析工具和可视化工具的数量激增。对大多人来说，Excel 是进行数据可视化的主要工具，也是数据工作者必不可少的工具。尽管 Excel 不是一个专业的数据可视化工具，但它的数据可视化功能很强大。我们不应被它默认的图表类型扼杀了创造力，而是应该通过理解图表的关键要素并运用策略来扩展其功能。《Excel 数据可视化实操指南》提供了一套更高级、更有效的数据图表创建方法，对于任何有这方面需求的人来说非常有价值。

本书作者 Jonathan Schwabish 是一位经济学家和数据沟通专家。Schwabish 博士被认为是数据可视化领域的领导者之一，也是科研领域中让数据更清晰、更易于理解的领军人物。他是华盛顿特区非营利研究机构"城市研究所"的高级研究员，也是数据可视化和演示公司 PolicyViz 的创始人。

版权贸易合同登记号　图字：01-2024-2598

图书在版编目（ＣＩＰ）数据

Excel 数据可视化实操指南 ／（美）乔纳森·施瓦比什（Jonathan Schwabish）著；易炜译. -- 北京：电子工业出版社，2024. 6. -- ISBN 978-7-121-48035-5

Ⅰ. TP391.13-62

中国国家版本馆 CIP 数据核字第 2024DB5933 号

责任编辑：张慧敏

印　　刷：北京利丰雅高长城印刷有限公司
装　　订：北京利丰雅高长城印刷有限公司
出版发行：电子工业出版社
　　　　　北京市海淀区万寿路 173 信箱　　邮编：100036
开　　本：720×1000　1/16　印张：20　字数：384 千字
版　　次：2024 年 6 月第 1 版
印　　次：2024 年 6 月第 1 次印刷
定　　价：109.00 元

凡所购买电子工业出版社图书有缺损问题，请向购买书店调换。若书店售缺，请与本社发行部联系，联系及邮购电话：（010）88254888，88258888。

质量投诉请发邮件至 zlts@phei.com.cn，盗版侵权举报请发邮件至 dbqq@phei.com.cn。

本书咨询联系方式：faq@phei.com.cn。

"我晚发现这本书20年！说真的，我希望我早就有这本书，因为它包括了丰富的教程、最佳实践、经验教训，以及使用Excel进行数据可视化的原理。从分组条形图到甘特图、热图、瓷砖网格地图和华夫图（以及更多的其他图表），无论何时何地，只要你需要利用数据讲故事、进行视觉分析或做决策，本书中许多翔实的可视化案例都将对你大有裨益。不论是Excel的初学者还是专家，都将在这本精彩的书中发现有用的数据可视化案例，以及相应的详细说明……或许还有一些Excel的秘密。"

——Kirk Borne，DataPrime股份有限公司首席科学官

"Jonathan Schwabish在之前的书中教会我什么才是好的图表。而在这本非常实用的书中，他又教会我如何用Excel制作好的图表，这是一本循序渐进的指南——实用，易操作，图文并茂。"

——David Wessel，布鲁金斯学会哈钦斯财政与货币政策中心主任

"终于，有了一本全面的Excel数据可视化图书。它足够详细，让初学者毫无压力；它也足够广博，让经验丰富的用户也能学习有价值的Excel技巧并进行数据可视化最佳实践。"

——Mynda Treacy，MyOnlineTrainingHub.com创始人

"在数据可视化领域，有越来越多的软件和工具被用来设计和制作图表，但有些学起来很难，有些需要编程，有些可能缺乏我们真正需要的功能。而Excel是一个被广泛使用，又经常被大家忽视的可视化工具。在这本与《更好的数据可视化指南》配套的书中，Jonathan Schwabish系统且专业地向我们展示了如何用Excel创建各种图表，从简单的热图到更复杂的数据图表，如云雨图和玛莉美歌图，每一个都有详细的操作步骤，读者还能在线获取所有配套资料。这本书首先让你对Excel数据可视化的能力刮目相看，然后迅速为你提供制作这些神奇图表的方法。"

——Neil Richards，仲量联行首席商业智能分析师，前数据可视化协会知识总监

致谢

在数据可视化培训或相关研讨会结束后，我常被问到一个问题：如何制作数据可视化图表？了解点状图、斜率图、华夫图等知识可以扩展一个人的图表知识库，但这些各式各样的图表是怎么做出来的呢？

为了回应这个问题，我开始教授如何在Excel中创建数据可视化图表。但是1~2小时，哪怕是4小时的课程，仍然不足以让大家真正掌握相关技能。因此，我写了一本用Excel制作数据图表的电子书（其实就是一份PDF文档），作为培训的附加资料。

本书比那本电子书更好也更全面。我原以为只要在电子书的基础上更新几个步骤，再加几个图表，就可以完成这本书。但后来发现，我把这件事想简单了。即便我把初稿给学员看过，而且他们也能理解书中内容，但我知道仍然需要对其进行重大修改——简化、升级和优化。

如果没有Glenna Shaw的帮助，这本书是不可能完成的。Glenna呕心沥血地截图，添加要点和注释，并纠正了一些错误。如果没有她的帮助，这本书的出版将花费两倍的时间，内容看起来也不会像现在这么好。

我也很感谢Michael Brenner和Wesley Jenkins的帮助。Michael是Data4Change公司的设计师，他设计和制作了本书的封面，并提供了各种图片。Wesley是一位专业编辑，他促成该项目的最终完成。写一本步骤翔实的书更多需要的是耐心而不是创意，在这个过程中，Wesley一直不厌其烦地帮我把文字简洁化。

本书需要反复测试大家对操作步骤的理解。我很感谢那些花时间和精力测试每个操作步骤的人：Margot Hollick、Kyungmin（Mina）Lee、Cynthia Ma、Navya Patury、Charles Tang和Steven Yates。

非常感谢CRC Press出版团队的Randi Cohen、Sathya Devi、Mansi Kabra、Elliot Morsia和

Todd Perry，以及编辑Alberto Cairo和Tamara Munzner。我也要感谢这本书早期版本的反馈者，包括Dave Bruns、Jorge Camões和Jon Peltier。

数据可视化社区在这个过程中，提供了令人难以置信的支持、创造力和动力。如果大家没有这种创造力，或缺乏创建更好、更有效的数据交流方式的热情，本书就不会问世。我希望通过本书让大家看到，使用什么工具来进行数据可视化不重要，重要的是你对这项工作的关注度和迸发的创造力。

我也很感谢城市研究所（Urban Institute）的同事们，他们通过对经济和社会政策的研究使世界变得更美好。多样化的视角、背景、经验和技能让我成为一名更好的研究人员和数据沟通专家。

我特别感谢数据可视化领域内外的朋友们，他们在我写这本书的过程中给予了我强大的支持，要么回答有关数据或数据可视化的问题，要么陪我放松，一起简单地吃顿早餐或在一天工作结束后喝一杯：Lindsay Betzendahl、Nayan Bhula、Matt Chase、Alice Feng、Kevin Flerlage、Francis Gagnon、Cole Knaflic、Ken Skaggs，Sharon Sotsky Ramirez、Alli Torban和John Wehmann。尤其要感谢整个家庭给予我的无尽支持和爱。特别感谢我的妻子和孩子们，自从Ellie和Jack长大后，我已经写了四本书。对我来说幸运的是，他们在这个过程中都积极参与进来。两人都花了几小时当本书的"小白鼠"，努力按照我复杂的指示阅读书中内容，帮助查看颜色、字体和封面草稿，并总是能提供建设性的反馈和深思熟虑后的意见。没有他们，我不可能完成这本书。我希望他们知道，他们对我的工作有着莫大的激励作用。

最后，向我的妻子Lauren致以最深切的感谢。执子之手，与子偕老。

目录

为了帮助你更好地使用这本实操指南,我根据操作步骤数量、使用图表类型的多寡,以及需要整理的数据量这三个维度,对图表制作难度进行了大致分类。

■ 初级　　　　　　■■ 中级　　　　　　■■■ 高级

第3部分　从Excel导出可视化结果

第1部分

搭建平台

简　介

在威斯康星大学麦迪逊分校读大四的时候，我曾和导师参与了一个项目，研究美国的贫困率和GDP增长率如何随时间而变化。在这个项目中，我收集了一些来自政府的数据，从美国劳工统计局的就业数据到美国经济分析局的GDP增长数据。每年，我都会将这些数据输入Excel工作簿，制作大量图表，甚至进行回归分析（我再也不会这么做了！）。

说实话，这些图表没什么价值。当时我只是用Excel默认设置（可能是在Excel 97版本中）直接出图。这种制图方式是我用Excel做研究的最早记忆，从那以后，这段记忆一直伴随着我（见图1.1）。

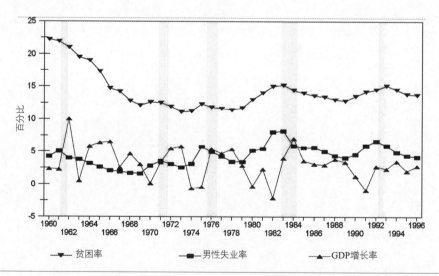

图 1.1 来源：Robert Haveman和Jonathan Schwabish. 宏观经济表现与贫困率：回归正常？，IRP第1187-99号讨论文件（3月），1999.

几年后，我在雪城大学读研究生，并从事经济研究，这给了我新的机会去探索Excel的功能。彼时，我正在协助我的导师统计世界各地不同国家的收入数据，以及研究收入不平等现象。我们使用了卢森堡收入研究所的数据，这是一个拥有着世界上最大跨国数据库的档案馆和研究中心。我整理了一些用于衡量收入不平等的指标，如收入数值的10分位数、50分位数和90分位数，以及基尼系数，并将其纳入期刊文章和报告。我的导师为这些数据创建了一张表，并在表格中间特地放了一张条形图，这样读者能看到精确的数值，以及高收入与低收入之间的差距。

那时，我已经能用SAS和Stata等统计软件写代码了，但我仍用Excel来制作图表。这张表让我备受启发。它为我探索Excel打开了一扇窗，让我认识到打破Excel标准图表的限制、拓展它的功能就会创造更多可能。尽管这张图表按现在的标准看还有改进空间，但这是我第一次看到用这样的方式，可以有效地呈现复杂数据（见图1.2）。

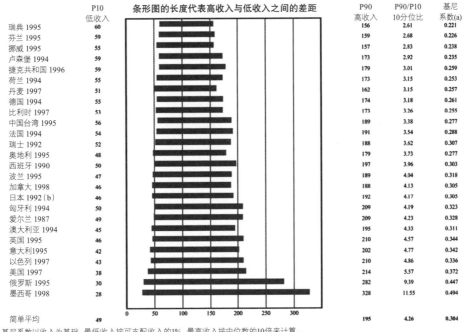

	P10 低收入	条形图的长度代表高收入与低收入之间的差距	P90 高收入	P90/P10 10分位比	基尼 系数(a)
瑞典 1995	60		156	2.61	0.221
芬兰 1995	59		159	2.68	0.226
挪威 1995	55		157	2.83	0.238
卢森堡 1994	59		173	2.92	0.235
捷克共和国 1996	59		179	3.01	0.259
荷兰 1994	55		173	3.15	0.253
丹麦 1997	51		162	3.15	0.257
德国 1994	55		174	3.18	0.261
比利时 1997	53		173	3.26	0.255
中国台湾 1995	56		189	3.38	0.277
法国 1994	54		191	3.54	0.288
瑞士 1992	52		188	3.62	0.307
奥地利 1995	48		179	3.73	0.277
西班牙 1990	50		197	3.96	0.303
波兰 1995	47		189	4.04	0.318
加拿大 1998	46		188	4.13	0.305
日本 1992（b）	46		192	4.17	0.305
匈牙利 1994	50		209	4.19	0.323
爱尔兰 1987	49		209	4.23	0.328
澳大利亚 1994	45		195	4.33	0.311
英国 1995	46		210	4.57	0.344
意大利1995	42		202	4.77	0.342
以色列 1997	43		210	4.86	0.336
美国 1997	38		214	5.57	0.372
俄罗斯 1995	30		282	9.39	0.447
墨西哥 1998	28		328	11.55	0.494
		0 50 100 150 200 250 300			
简单平均	49		195	4.26	0.304

（a）基尼系数以收入为基础，最低收入按可支配收入的1%，最高收入按中位数的10倍来计算。
（b）日本的基尼系数是Smeeding（1998）根据1993年日本收入再分配调查的数据计算的。

图 1.2 来源：Timothy M. Smeeding. G20成员国的全球化、不平等和富庶情况：卢森堡收入研究所的数据，澳大利亚储备银行会议演讲，2002.

随着职业生涯的发展，我对创建更好、更有效的图表的兴趣与日俱增。在华盛顿的国会预算办公室（美国国会的预算部门）工作期间，我研究并改进了我和同事在传递信息时的工作方式，从而更有效地向政策制定者传达了信息。我们用Excel和其他工具创建了更清晰、更吸引人、更丰富多彩的图表，并将它们用在报告、幻灯片和博客文章中。

数据可视化工具的版图一直都在不断变化。2003年，仪表板工具软件Tableau面世，让用户在不需要编程的情况下就能快速创建交互式仪表板。统计学家兼开发人员Hadley Wickham还在2003年发布了他的ggplot2系统，用于R语言环境下的数据可视化，让用户快速制作更好的图表。2011年，斯坦福大学可视化小组成员Mike Bostock、Jeffrey Heer和Vadim Ogievetsky发布了D3，这是一个JavaScript库，它可用于在网络上生成交互式数据图表。后来，更多的工具陆续登场，包括Datawrapper（2012年）、RAWGraphs（2013年）、Power BI（2014年）、Google Data Studio（2016年）和Flourish（2018年）（见图1.3）。

图 1.3

我曾学过其他工具——我可以用SAS、Stata和Fortran编写代码，但像D3这样的程序语言超出了我的能力。现在，我会根据需要使用以上提及的所有工具——比如我在R中制作地图，在RAWGraphs中制作桑基图，在Google Data Studio中制作交互式表格，但Excel仍是我的首选。

你可能会想：为什么一个专门从事数据收集、分析和可视化的人，会使用一个需要更多手动操作的工具？首先，精通其他工具或编程语言需要花很多时间和精力。而更重要的原因则是，Excel是大多数人容易获得，并能轻松上手的工具。

想象一个6~8人的小型非营利组织。该组织中可能有一位数据专员负责收集、汇编和清洗数据，并制作图表、幻灯片和报告。

这个人也许对数据可视化感兴趣，也许只是被迫担任这个角色，因为其他人不能（或不想）做。这人可能没兴趣也没时间去学习另一种工具。此人所在的组织也可能负担不起使用其他工具的费用，或者无法容纳大量数据。或者，他们的需求相对简单——条形图或折线图就够了，所以对他们来说，没必要用工具或网站创建交互式仪表盘。

我坚持用Excel是因为对于达成我（以及像我这样的数据从业者）的目的来说，它足够用了。希望我在本书中对Excel的使用方法能够证明，用Excel就能制作出色、有效的图表，而不必依赖一大堆数据可视化工具。

你可以把这本书看做是《更好的数据可视化指南》的实践篇。在那本书中，我阐述了创建有效的可视化数据的核心原则，并表明任何人都能学会阅读不同类型的图表。我探究了许多不同类型的数据可视化形式，从静态图到交互式仪表板，不过《更好的数据可视化指南》这本书中的大部分篇幅专门用来介绍80多种不同类型的图表，并附有来自全球各地的实例。

而这本书向你展示了如何在Excel中制作近30个"非标准"图表，它们有的比下拉菜单中的标准图表更复杂，有的能更好或更专业地显示数据。我专注于如何扩展和组合Excel图表中的基本图形；如何使用Excel公式使图表和数据的反应更敏捷和更灵活；以及如何使用Excel提高生产力和效率。

学习如何在Excel中一步一步制作图表只是数据可视化的一部分。理解数据可视化设计的基本原理才是关键。下面这三个指导原则对创建有效的图形和图表特别有用（在《更好的数据可视化指南》一书中有更详细的描述）：

- **展示数据**。我们需要决定要展示多少数据，以及如何帮助读者注意到关键的论点、数值或趋势，这些都是很重要的。我们不用显示所有的数据，但要确保可视化后的数据尽可能清晰。

在默认的Excel图表中，所有元素的权重都一样。例如，条形图和折线图，同一张图表中线条粗细一样，颜色也一样。有时它们可以达到展示数据的目的，但当我们需要强调重要的数值或趋势时，这样的默认图表就不太好用了。在这种情况下，我们可能需要细化一些线条或淡化一些颜色。你可以思考一下，在这个例子中，从默认图表到粗线图表的变化，是如何影响我们的注意力、并让图表和标题联系在一起的（见图1.4和1.5）。

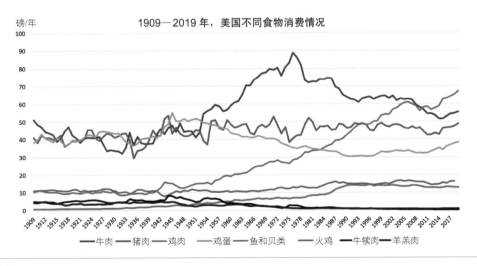

图 1.4

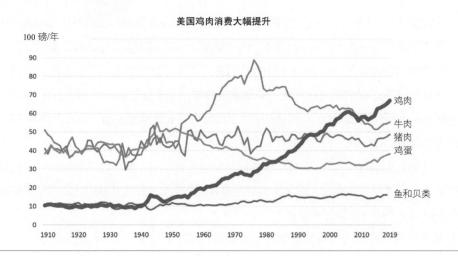

图 1.5

- **减少混乱**。为了帮助读者迅速轻松地捕捉数据，应减少或删除多余的网格线、刻度线、数据标签和数据标记。值得庆幸的是，较新版本的 Excel 在减少混乱方面做得更好。但当我们想要添加或更改某些元素时，需要牢记，读者阅读时需要在脑海中额外处理我们添加到视觉图表中的每一个元素。

也许你有充分（虽然不太可能）的理由做出图1.6这样的图表。但那些显眼的网格线、刻度线和数据标记，都让我们很难理解这张图到底想表达什么。相比之下，图1.7中的图表通过删除或弱化非数据元素，让核心观点一目了然。

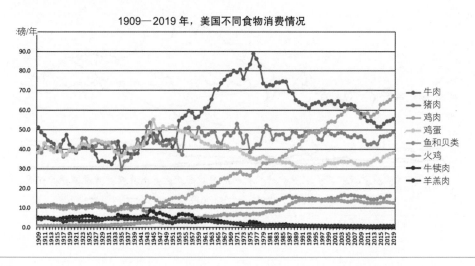

图 1.6

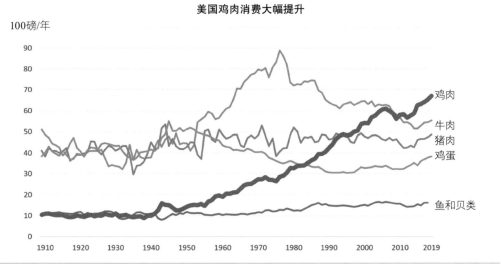

图 1.7

- **图文结合**。可能的话，最好直接将数据标签标注在图形上——如条形图、折线图和环形图。我们不仅仅是要描述数据，而是要用简洁、有吸引力的标题，让读者知道应该从图表中获取什么信息。在图形中添加解释性文字，可以帮助人们理解其内容。

在Excel中，可以通过绘制线条和插入文本框的方式来添加注释。不过，正如你在接下来的章节中看到的那样，我更喜欢通过添加数据的方式来生成标签和注释。通过在图表中插入新的数据字段或数据列，我们可以更准确地将标签放置在我们想要的位置，并让它们看起来更整齐。图1.8中添加的标签就是线条歪斜、文本错位或放置位置不准确的例子。而图1.9中的标签看起来更精致，该图表中的文本注释就是通过添加数据列的方式实现的。

遵循这些基本原则有助于我们设计出更有效的图表，从而清晰地将数据信息传递给受众。我们可以通过采取一些积极的措施，使数据更清晰，以便读者能够快速轻松地理解要点；而不是简单地用Excel生成一堆默认图表甩给读者。

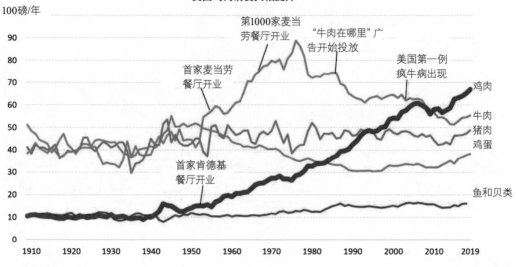

图 1.8

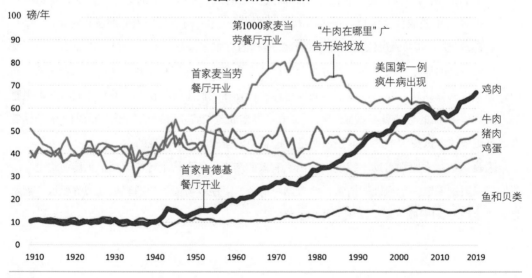

图 1.9

如何使用本书

本书提供了循序渐进的操作指南，以帮助你创建与众不同的、更好的和更有效的数据图表。这本书面向的读者是那些有一定Excel操作经验和数据可视化经验的人。不过如果你经验不足，我们在第4章和第5章会对Excel的制图工具和功能进行概述。即使你是Excel的资深用户，我相信在这些章节中，你也能找到一些有价值的信息。

在开始之前，建议先下载书中案例的Excel源文件，每章通常有三个文件。（可以添加本书封底读者服务小助手微信来领取附赠资源）

1. 第一个文件只包含数据，没有公式和最终的图表。为了完成图表制作，你需要根据本书教程一步步输入公式，制作最终的图表。

2. 第二个文件包含所有数据和最终样式的图表。

3. 第三个文件包括数据和公式，但不包括最终的图表。该文件比较适合搭配每章末尾的"快速操作指南"一起使用。

这三个文件都提供了原始数据、数据来源和网站链接。建议你使用第一个文件来跟着教程从头学习。从第二个文件中直接将我做好的图复制出来使用的确很方便，但这对你学习如何构建这些图表毫无益处。如果不想编写公式，你可以把第二个文件或第三个文件里的公式复制到第一个文件里。

书中介绍的一些图表你可能已经会做了，但我还是建议你通读前面几章。在这些章节中，我会说明制作图表时的基本操作。在后续的章节中，就不再重复教学如何【选择数据】、【更改图表类型】或【切回到格式菜单】等基本操作。在某种程度上，这些操作应成为你构建、编辑和设置Excel图表样式的本能。

随着时间的推移，微软在Windows操作系统和macOS操作系统中的Excel版本越来越接近。这两种操作系统下最新版本的Excel之间差异相对较小。这两个版本之间差异最大的两个功能是在图表中添加并编辑数据，以及组合图表。我会在下一章解释这些差异如何影响数据可视化，并在每个案例中指出不同操作系统之间的差异之处，帮助你更好地在自己使用的操作系统中制作图表。

在后续的案例中，我会用中括号表示Excel菜单、选项和按键，使用Courier字体表示Excel公式。大多数案例从Excel默认图表样式开始，以经过我设计和调整过的（包括改变颜色、字体和其他格式调整）样式结束。我不会对最终图表中的每一个改变过的样式进行详细说明，熟悉图表设计选项后，你可以自行调整。

各案例虽然是相互独立的，但需要的基本技能是循序渐进的。在前几个案例中，我会说明在哪里单击以及选哪个选项来添加数据。到后面的章节时，我认为你已经掌握了这些基本技能，因此不再重复说明。有时，我会使用"A→B→C"这样的简写，意思是先选择选项或菜单A，然后是B，最后是C。我也不会总是提醒你记得单击【确定】按钮。

为了帮你更好地学习本书内容，每章开头都有一个包含四项信息的介绍表格：

- **难度等级**。初级、中级或高级。该难度等级是基于操作步骤数量、使用图表类型的多寡以及需要整理的数据量进行的粗略分类。总的来说，本书的章节安排顺序是从易到难。

- **主要数据类型**。本书涉及下述五种数据类型，我会为你指明每种数据类型适合用什么类型的图表来显示。当然，有些图表适用于多种数据类型，因此这种划分只是一个参考。

  1. **类别**。用于比较不同类别或不同值——典型的适合用于显示类别型数据的图表是条形图。

  2. **分布**。适合用于显示数据分布的图表是直方图或箱形图。

  3. **地理空间**。适合用于显示数据和地理位置的关系的图表是地图。

  4. **部分到整体**。适合用于显示部分相对于整体的值的图表是饼图。

  5. **时间**。适合用于显示随时间变化的数据的图表是折线图。

- **组合图表**。这部分主要是说明该章节是否运用到组合图表功能。虽然组合图表并不一定会增加制作难度，但它肯定会增加额外的步骤。在第 4 章中，我们介绍了如何组合图表，以及在 Windows 操作系统和 macOS 操作系统中的操作区别。

- **公式**。为了演示如何为制图准备数据，一些章节的教学中涉及公式和辅助数据。在每章的此项信息处，会列出该章中使用的公式。在第 5 章，我们会探讨 Excel 公式是如何起作用的。如果你嫌麻烦，可以在练习时使用第二个或第三个 Excel 文件，它们中包含所有的数据和公式。

表2.1 包含了每章的基本信息。

每章结尾有一个"快速操作指南"，用于简明扼要地说明该章所教学的图表制作时的关键点。此处主要概括的是关键步骤，所以并不总是和章节中的步骤一模一样。这里不涉及编写公式和整理数据的步骤，也不包含颜色、坐标轴、文本和其他美观度方面的设计。由于快速操作指南中的步骤列表并不包括完整的详细信息，因此当你根据它来学习操作步骤时，可能需要使用包含公式并已完成数据准备的Excel文件。如果你觉得自己已经掌握了这些步骤，或者只需要快速复习，那这些快速指南正是你需要的。

表 2.1

各章序号	各章标题	难度等级:初级/中级/高级	主要数据类型:类别/时间/地理空间/分布/部分到整体	需要使用组合图表功能:是/否	公式:IF, SUMIF, AVERAGEIF等
7	迷你图	初级	时间	否	无
8	热图	初级	类别	否	无
9	条纹图	初级	类别	否	无
10	华夫图	初级	部分到整体	否	IF, &
11	甘特图	初级	时间	否	IF, AND, &
12	用两种图表对比数据	中级	类别	是	无
13	分组条形图	中级	类别	否	MAX
14	对比条形图	中级	类别	否	SUM
15	色块标记图–同频率	初级	类别	是	无
16	色块标记图–不同频率	中级	类别	是	无
17	用直线标注事件	中级	时间	是	IF, OR, VALUE, RIGHT
18	点状图	中级	类别	否	IF, AVERAGE
19	斜率图	中级	时间	否	&
20	带网格线的柱形图	中级	类别	是	无
21	棒棒糖图	中级	类别	否	无
22	子弹图	高级	类别	否	MAX, AVERAGE, MATCH, TEXT, CHAR, &
23	瓷砖网格地图	高级	地理空间	否	VLOOKUP, MIN, MAX
24	直方图	高级	分布	否	COUNTIFS, &
25	玛莉美歌图	高级	类别	是	IF, INT, VLOOKUP, SUM
26	周期图	高级	时间	是	IF, AVERAGEIF, TEXT
27	带状散点图	中级	分布	否	无
28	云雨图	高级	分布	是	WEEKNUM, AVERAGEIF, PERCENTILE, COUNTIF, IF

你可以通过我的PolicyViz网站获得一些额外资源，帮助你在Excel中创建更好、更有效的数据图表。该网站会随时更新，提供更多Excel教程、技巧和常见问题解答。如果你遇到困惑，可以看看那里是否有答案。

好了，让我们开启Excel数据可视化之旅吧。

Excel 数据可视化原理

Excel在全球拥有超过7.5亿的用户（Wann，2020），是数据分析的主流软件。它的图表库自1985年推出以来已经大幅扩展，但其核心仍是一个拖曳工具。一方面，它操作简单，只要打开软件，输入一些数据，就能生成一些表格和图形。另一方面，该工具也受到下拉菜单中的内容和选项的限制。

我希望本书的案例能让你超越标准图表的限制，并向你展示如何通过Excel创建内容更丰富的图表——丰富到你甚至想象不到这是Excel能做得出来的。

市面上有很多数据分析和可视化的工具供我们选用。但无论用什么工具，请记住，它只是一个工具。虽然我是Excel的"铁粉"，但它显然不是无所不能的。我不会用Excel为《华盛顿邮报》网站创建交互式数据图表，也不会用它来处理百万级别的大数据。但是，如果是创建一个基本的条形图或折线图，哪怕更复杂的图表，比如本书后面章节介绍的图表，Excel都能完美胜任。

在深入学习Excel之前，有必要先了解一下数据可视化的系列工具。在下图中，我根据"使用门槛"排列了近20个工具，从左到右难度逐渐增加。在轴的左侧，主要是通过拖曳或单击就能使用的工具，如Excel和Google Sheets，或者基于浏览器的工具，如Datawrapper和Flourish。这些工具很容易上手，任何人都可以打开它们，粘贴一些数据，并制作图表。而在轴右侧的工具使用门槛较高，比如JavaScript、Python和R等编程语言，需要对计算机编程及其语法有一定的了解（见图3.1）。

除了使用门槛，还有两个衡量指标。首先是工具的局限性。左边的工具都可以用来创建图表，但创建的内容更为有限。菜单中预设的内容决定了我们可以做什么。而对于右边的工具，你的编程能力决定了图表的上限。

另一个指标是可视化后图表的可复用性。为了教别人如何在Excel或Google Sheets中制作图表，我们需要提供详细的操作步骤。但如果数据源发生了变化，比如增加了新的数据或额外的数据列，就可能需要更改操作步骤。然而，对于右边的工具，我们可以共享代码或脚本，其他人可以运行它来创建相同的图表，而几乎不需要额外的工作。

图3.1　来源：Jonathan Schwabish. 更好的数据可视化指南.

　　本书尽可能将Excel的效果往右移，也就是说在使用上，让它更像一种程序语言，但又不需要真的去写代码。通过综合运用图表的各种元素——标签、线条、形状和注释——Excel也能在几乎不改变操作步骤的情况下实现数据更新或与他人共享数据，从而达到和编程语言类似的重复利用图表的效果。

　　在Excel中利用数据来生成图表中的所有元素有两个优点。首先，整张图表很容易复制并粘贴到其他工具里。假如我们在条形图的上端额外画一条线，当我们想将它们一起复制到PowerPoint或Word软件中时，需要将两个元素都选中，因为Excel把它们视为两个独立的对象。但是，如果利用数据生成线，这张图表就是一个整体，复制和粘贴会更容易，内容也更一致。

　　其次，这种方法让图表可以重复使用。如果要教某人在Excel中创建复杂图表，毋庸置疑，你需要一本详细的操作指南（比如这本书）。但如果用公式对数据进行分组和筛选，并利用数据将元素添加到图表中，那么下次制作类似的图表就更容易，而且可以重复利用之前的图表。

　　图3.2是1950年至2021年美国每年的年均失业率。只要单击几下，就可以插入一个折线图（数据在A列和B列）。但是，如果每十年的第一年（例如1950年、1960年、1970年等）要贴一个标签，并在标签上用数字显示其失业率，该怎么办？

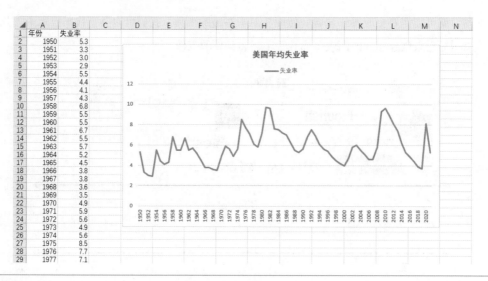

图 3.2

选中折线后单击鼠标右键（在macOS操作系统中也可按住Ctrl键并单击），在弹出的对话框中单击【添加数据标签】，这时，每一年的数据点附近都会显示具体的数值。我们可以删除其余64个不需要的数据标签。但这个操作太烦琐了，添加更多数据时也不能及时反应在图表上，万一操作失误，又得从头开始（见图3.3）。

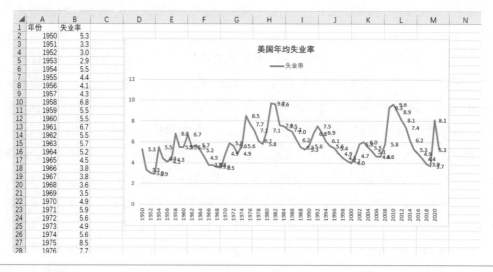

图 3.3

如果我们在图表中插入一列辅助的数据列，会是什么效果？新增列只包含我们需要贴标签的年份对应的数据（使用最简单的IF函数，后面会讲到）。这样，图表中就有了两条重叠的折线图，我们选择代表新增列的第二条折线图（显示为橙色的圆点），单击鼠标右键，在弹出的对话框中单击【添加数据标签】（见图3.4）。

图3.4

这种方法更便捷，适用范围更广，而且也很方便添加新的数据。将公式纳入新增的数据列（我们会在第5章详细介绍），会更方便在图中加入新的数据，且这些数据会根据公式自动更新并体现在图表上。

为了更好地用Excel制作可视化图表，我们要认识到Excel制图的两个基础。首先，它通过三种主要形状来表示数据：线形、条形和圆形。如果我们想要的可视化图表是由这三种形状组成，那么很可能用Excel就可以实现想要的效果。需要注意的是，形状的大小或长度值不能太小。以佛罗里达州的地图为例，它的海岸线有很多转角和弯道。Excel不太擅长绘制海岸线，因为每个转角和弯道都要有一个数据点和线条，最终需要一个庞大的数据库。

其次，Excel的图表是绘制在由横轴（X轴）和纵轴（Y轴）构成的空间中。值得提醒你的是，不要在X-Y-Z轴（三维）空间中制图，虽然很多人用它来创建一些"看起来很酷"的图形。Excel里的确有一些三维制图选项，但Excel中的三维图形并没有真正的三维效果！你不需要戴个3D眼镜来看这些图。在Excel里，它根据透视的方法来旋转这些图，达到所谓的立体效果（见图3.5）。

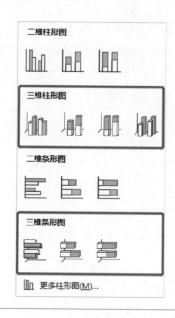

图3.5

　　我们看看下面两张图。在图3.6的二维图表中，每个柱形的高度值非常清晰：40、30、20和10。但在图3.7的三维图表中，虽然数据一模一样，但柱形的顶部没有接触到对应的网格线，无法正确显示其值。Excel中的"三维效果"会让数据失真，因此不建议使用三维图表。

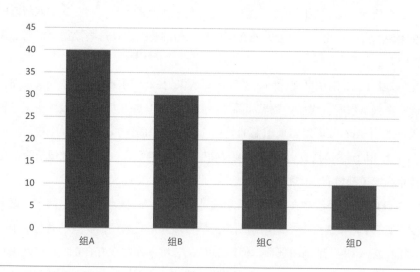

图3.6

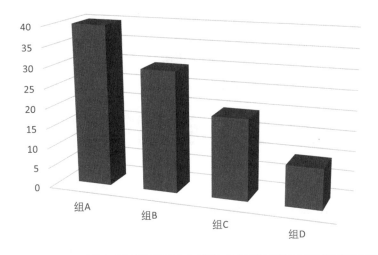

图3.7

　　Excel默认的图表有相当一部分不符合数据可视化的最佳实践原则。但我们可以在它的一些核心图表上进行修改和组合，从而达到比默认图表更丰富的数据可视化效果。当你学习本书的案例时，请记住Excel制图的两个基础：三种基本形状（线形、条形和圆形）的组合和 X-Y 轴构成的二维空间。我们将用各种公式来清洗、分析和整理数据，从而方便制作易于操作的图表，这样即便数据更新了，我们也能轻松处理并更新对应图表。

　　在探讨这个之前，让我们介绍一下Excel的基础知识。

Excel 制图简介

对于Excel初学者来说，这款软件有各种各样的菜单选项可以用来清洗、分析和可视化数据，这有点儿让人望而却步。可一旦了解它之后，你会发现它并没有看上去那么可怕。这款软件的设计还是很友好的，用户可以通过反复使用相同的菜单来调整表格和图形，从而很快熟悉这款软件。这意味着我们不需要为每项任务学习新的菜单、视图或按键。就我个人而言，Office 365订阅版中的Excel比之前的版本更好用。

不过，不要误解我的意思：Excel的有些功能的确不便于使用，而且下拉菜单中的许多默认图表都很糟糕。但该软件的设计方式可以让我们了解它能做什么和不能做什么，从而可以利用它设计出更高级的可视化效果。

在本章中，我将为那些初次接触Excel或从没用它做过图表的人介绍该软件的基本功能，重点关注与创建图表有关的部分。如果你想学习Excel的其他功能，如数据透视表、PowerQuery、宏和VBA，以及更高级的公式，可以参考其他优质博客、资料和书籍。

本章还为更有经验的用户提供了一些有价值的信息。并不是每个Excel用户都知道【绘图区】和【图表区】，也不是人人都知道如何修改图表的属性。对于那些不仅适合初学者、也可以让其他人受益的内容，我会在段落前插入这个图标（🦉）。如果你有Excel的使用经验，你可以跳过基础部分，直接浏览这些图标后的内容，看看是否有一些对你有帮助的信息。

Excel视窗

在使用Excel之前，必须了解软件的界面构成。Excel窗口顶部的区域称为"功能区"，功能区的每个部分（例如【开始】、【插入】等）称为"选项卡"。每个选项卡中都有各种选项、菜单和按键。当我们在Excel中使用特定功能（如图表或数据透视表）时，会出现对应的选项卡。功能区下方是"公式栏",在这里可以输入公式,Excel会给出公式的提示信息(见下一章)(见图4.1)。

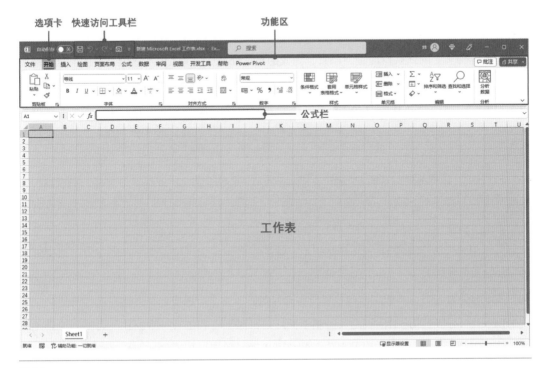

图4.1

- 功能区上方有一块狭窄区域为"快速访问工具栏"。第一次打开 Excel 时,会显示 2~3 个图标,一般有【保存】(🖫)、【撤销】(↺)和【恢复】(↻)。如果需要自定义快速访问工具栏,可以单击该栏最右侧的小三角,并在下拉菜单中选择【其他命令】,对话框打开后,可以在【快速访问工具栏】中添加命令,甚至创建一个新的选项卡。这样可以通过减少单击次数来提高工作效率。

- 另外,你也可以用快捷键,达到和快速访问工具栏类似的效果。有些快捷键你可能很熟悉,如 Ctrl+C 表示【复制】,Ctrl+V 表示【粘贴】,Ctrl+S 表示【保存】。还有数百种其他快捷键,但我们不可能都记住(而且 Windows 操作系统和 macOS 操作系统中快捷键也不一样)。有一个快捷键非常有用,就是 Ctrl+1(macOS 操作系统中是 CMD+1),它可以快速进入【格式】→【设置所选内容格式】菜单(位于选中图表后新出现的【格式】选项卡最左边的下拉窗口下面)。想要调整横轴(X 轴)的格式吗?

选中它，然后按 Ctrl+1。想要调整单元格的格式吗？选中它们，然后按 Ctrl+1。对我来说，Ctrl+1 和我们所熟悉其他快捷键一样重要。

Excel中的"工作表"占据了视窗的主要区域，由行（水平）和列（垂直）组成，交叉区域称为单元格。行用数字编号，其默认高度取决于计算机的显示器和分辨率。我的Surface Pro（笔记本电脑）上的默认行高是38像素，而我的MacBook Pro（笔记本电脑）上的默认行高则是16像素。列用字母编号，它们的大小也取决于显示器和分辨率。我的Surface Pro上的默认列宽是136像素，我的MacBook Pro上的默认列宽是65像素。通过选择列/行并单击鼠标右键或长按列/行的边缘拖动，可以调整列宽和行高。还可以通过【视图】选项卡中的【显示】菜单显示或隐藏表格的网格线。

Excel中行高和列宽均可以通过两种单位来显示。列宽的基本单位是1个字符，也可以用像素作为单位，我的Surface Pro上的默认列宽为47个字符或136像素。而行高则是以像素或磅为单位，这导致在比较行和列的尺寸时有点儿麻烦。不过这很好解决，调整尺寸时单位只用像素就好，不用转换为字符或磅。Excel是根据字体的宽度来确定列宽，而字体的宽度可能因显示器、分辨率、操作系统（如Windows或macOS）以及字体的不同而不同。因此，有些Excel文件在你的电脑上打开时，其行高或列宽可能会有些奇怪，这个可以根据个人喜好进行调整。

Excel窗口的底部是工作表的一些基本控件。每张工作表都有一个默认的名称和编号（例如，Sheet1、Sheet2），工作表的名称和颜色可以通过单击鼠标右键或双击来调整。而在工作表之间切换的功能可以通过单击所需的工作表或用键盘上的左/右箭头来实现。我们还可以用右侧的按键来控制视图（【普通】、【页面布局】、【分页预览】），并用旁边的滑块进行缩放。

在选择数据和浏览各项菜单时，以下快捷键也非常有帮助。

1. Ctrl+箭头（macOS操作系统中是CMD+箭头）。直接定位到当前数据区域中箭头对应方向最后一个单元格。如果单元格A1到A100区域中有数据，将光标放在单元格A1中，然后按Ctrl+下箭头键。光标将直接定位到单元格A100。

2. Shift+Ctrl+箭头（macOS操作系统中是Shift+CMD+箭头）。全选单元格区域中沿箭头方向的所有数据。在前面的例子中，如果我们按下Shift+Ctrl+向下箭头，我们将选中单元格A1到A100区域的所有数据。

3. Alt+（某个命令对应的键）。功能区中的许多按键都有专用的快捷键。在选中任意单元格的情况下，按下Alt键加上字母、数字或功能键，可快速定位到对应的选项卡。就我个人而言，我喜欢用鼠标，所以我不怎么用"Alt+"命令（另外，这个在macOS操作系统中不起作用），但"Alt+"命令可以帮助你更快地工作。表4.1精选出了最常用的快捷键。

表 4.1 精选常用快捷键

快捷键功能	Windows操作系统	MacOS操作系统
复制	Ctrl+C	CMD+C
剪切	Ctrl+X	CMD+X
粘贴	Ctrl+V	CMD+V
撤消上次操作	Ctrl+Z	CMD+Z
恢复上次操作	Ctrl+Y	CMD+Y
查找	Ctrl+F	CMD+F
保存	Ctrl+S	CMD+S
另存为	Ctrl+Shift+S	CMD+Shift+S
插入超链接	Ctrl+K	CMD+K
调取格式调整界面	Ctrl+1	CMD+1
转到下一张工作表	Ctrl+PgDn	Option+右箭头
转到上一张工作表	Ctrl+PgUp	Option+左箭头
选择整行	Shift+空格键	Shift+空格键
选择整列	Ctrl+空格键	Ctrl+空格键
选择整张工作表	Ctrl+A	CMD+A
选定单元格/菜单右移	Tab	Tab
选定单元格/菜单左移	Shift+Tab	Shift+Tab

Excel图表类型

要在Excel中生成图表，可以在窗口顶部的功能区单击【插入】，其中【图表】选项区中列出了约8种主要图表类型（Windows操作系统和macOS操作系统中的布局看起来会有些不同）（见图4.2）。

图4.2

插入图表非常简单，选中数据后，在【插入】→【图表】选项区中选择你要的图表类型就可以。图表会生成在离光标最近的位置，你也可以单击将其拖曳到你想要的位置。

这一步完成后，会出现一些新的内容。

1. 功能区会出现一个叫【图表设计】的选项卡，通过其中的功能菜单，我们可以选择数据、往图表中添加不同元素、更改图表类型等。（见图4.3）

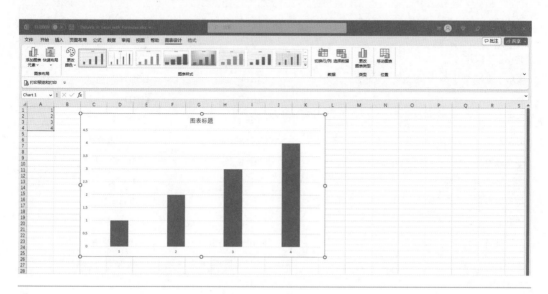

图4.3

【图表设计】选项卡中有几个特别重要的部分：

a. 选项卡最左边是【添加图表元素】，单击它将显示可添加的各种元素，比如坐标轴标题、网格线、数据标签等（见图4.4）。后面的案例中会经常用到这个功能键，随着你熟悉Excel各个功能，在后续的一些案例中，我不会每次都对其操作进行详细描述。

b. 在靠右有个【切换行/列】的按键。Excel会根据程序的默认设置来确定所选数据哪个是 X 轴，哪个是 Y 轴。通常，如果数据表的列数大于行数，Excel可能会以列为 X 轴来绘制图表，反之亦然。这时，我们可以单击【切换行/列】按钮来调换 X 轴和 Y 轴，而不用改数据表（见图4.5）。

c. 再右边一个按键是【选择数据】，可以用来添加、删减和编辑图表中的数据。我们也可以选中图表后单击鼠标右键，在弹出的对话框中单击【选择数据】进入操作界面，这个操作在后续图表制作中使用得会比较频繁（见图4.6～4.8）。

图4.4

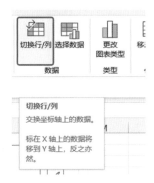

图4.5

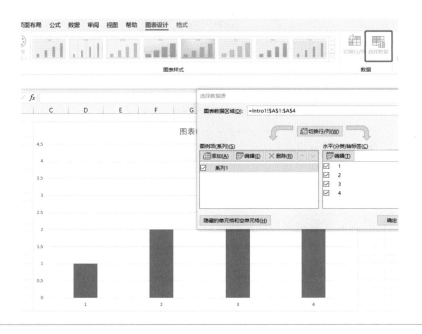

图4.6

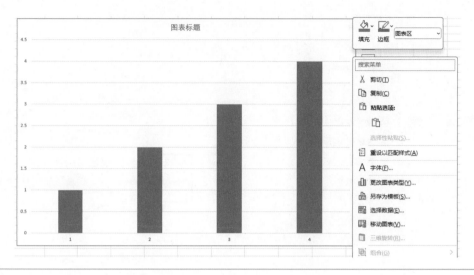

图4.7

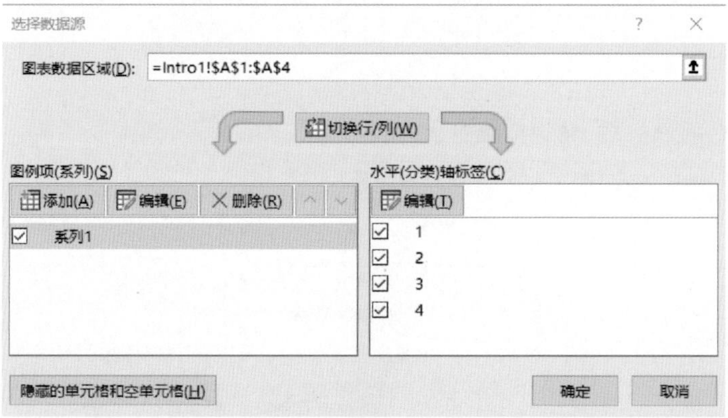

图4.8

　　有时，当我们添加或编辑新的数据列时，Excel会在【系列值】的对话框中插入占位符，显示为"={1}"，在插入数据列之前，我们需要覆盖或删除它。否则会得到一个类似"={1}=Sheet1！$A$1:$A$10"这样的字符串，Excel就会报错。这时，我们需要修正公式或重新插入引用的单元格。

　　最后是【更改图表类型】按钮，它可以在无须删除现有内容的情况下切换图表类型（见图4.9）。有两种选择方式，一是选中图表后单击鼠标右键，在弹出的菜单中选择；二是在【图表设计】选项卡里选择。我们还可以用该菜单里的功能对图表进行组合，本书中这种组合操作会比较多。如果在Windows操作系统中，在该菜单的底部，有个【组合图】的选项，可以为不同的数据列选择不同的图表类型。需要注意的是，如果你选择【组合图】，Excel默认将每个数据列都改成"簇状柱形图"（译者注：目前Office 365最新版本下，默认是一个"簇状柱形图"和一个"折线图"）。👾虽然没有硬性规定，但每次使用【组合图】选项时，最好是先选择好每个数据列需要更改的图表类型，再回到图表设计界面（见图4.10）。

在macOS操作系统中操作时，先选择要更改的数据列，然后在【更改图表类型】菜单中选择新的图表类型（见图4.11）。macOS操作系统中没有【组合图】选项，因此需要选中该数据列才能更改它。

并非所有图表都可以组合，通常情况下一次只能组合两种图表类型，只有在少数例外情况下，一次可以组合两种以上的图表类型。

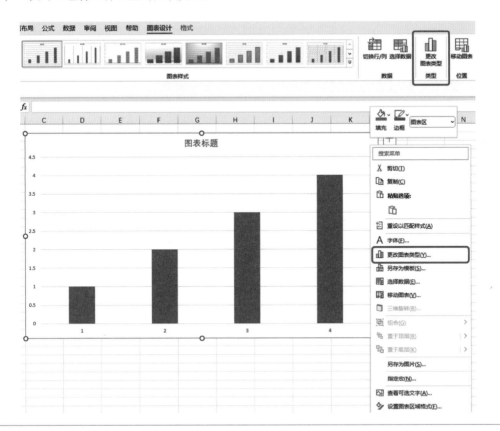

图4.9　Windows操作系统中的【更改图表类型】菜单

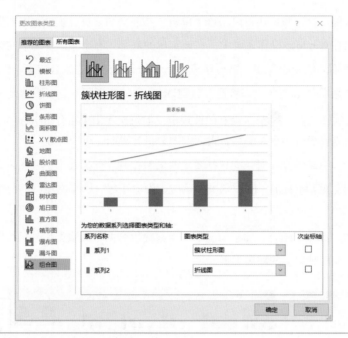

图4.10　Windows操作系统中的【组合图】菜单

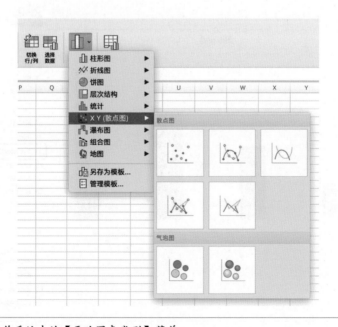

图4.11　macOS操作系统中的【更改图表类型】菜单

2. 当选中一个图表时，会出现一个新的【格式】选项卡。其中有各种调整格式的选项，包括颜色、文本和图表尺寸等（见图4.12）。

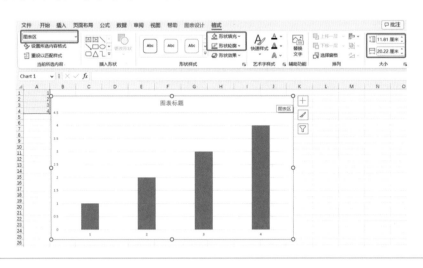

图4.12

以下是一些【格式】选项卡中比较重要的菜单和按键：

a. 🦉【当前所选内容】最左边的下拉菜单（见图4.12中的【图表区】）列出了图表中的所有元素，包括坐标轴、网格线和数据。如果图表中的元素较多，可以通过这个下拉菜单选择相应的元素。

b. 通过选项卡内菜单中间附近的【形状填充】和【形状轮廓】这两个按钮，我们可以调整图表中各元素的"填充"颜色和"边框"颜色。

c. 选项卡的最右侧有两个调整图表大小的选项。默认大小为3×5英寸（译者注：中文版是按厘米显示的，默认为7.62×12.7厘米）。如果想修改图表大小，单击【大小】选项区中高度或宽度数字旁边的上下小箭头，调整数值大小即可。

3. 图表将显示在工作表中心附近，并遵从一系列默认设置，包括横轴（X轴）和纵轴（Y轴）对应的行或列、默认颜色、图表标题框名称和默认大小。

4. 当选中图表时，图表所包含的数据将在数据表中高亮显示。

Office 365于2013年发布，引入了更好、更先进的安全功能，微软还会定期添加新功能或修复漏洞。新添加的功能中就包括一些新的图表，如树状图、旭日图和箱形图，与标准的图表中只看行、列数据不同，它们需要重新调整数据布局。🦉如果你想使用这类图表，但不知道如何设置数据，可以在PowerPoint中插入图表（使用【插入】选项卡中的【图表】按键）。这时，PowerPoint会打开一个包含数据占位符的Excel文件，你可以在这个文件里面输入数据，并将其作为制图的模板。

图表构成和属性

许多新手认为图表只不过是一个横轴、一个纵轴和一些绘制的数据点。其实，一个图表包含许多元素，我们可以控制和调整这些元素。

以这张折线图为例，它显示了1960年至2021年美国的月失业率（见图4.13）。乍一看，你可能会想，"好吧，不就是一条上下起伏的线吗。"你可能还会注意到，有一个横轴（X轴），一个纵轴（Y轴），顶部有一个标题，等等。

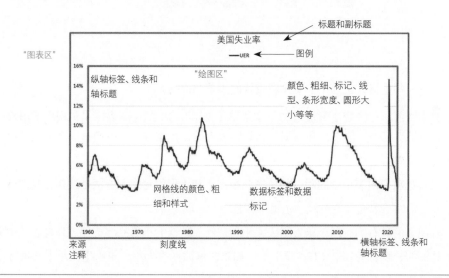

图4.13

但在这张图中，除了折线和标题，我们还可以设置其他内容的样式。可以调整标题、副标题、数据来源和注释的字体、大小和方向；还可以显示或隐藏坐标轴，或调整它们的颜色和粗细。我们可以显示或隐藏刻度线；可以更改网格线的样式、粗细、颜色和频次；当然，还可以对图表中的数据样式进行调整。

在上图中，我用不同颜色框出了【绘图区】和【图表区】。这些区域的样式、大小和布局都是可以调整的。例如，可以缩小【绘图区】，给标签或其他文本腾出空间，在后续的教程中有类似的案例。

　　修改图表元素的路径有多种。首先，可以选中图表并单击【图表设计】选项卡中的【添加图表元素】按钮（在后续的操作步骤中我们用【图表设计】→【添加图表元素】的方式描述这个操作）。其次，可以选择图表旁边的加号按键（仅限Windows操作系统中）。第三，选中图表的任何元素并单击鼠标右键，然后选择对应的"设置格式"选项，如【设置坐标轴格式】或【设置数据系列格式】。最后，还可以使用Ctrl+1快捷键（macOS操作系统中的快捷键是CMD+1）。

　　用以上任何一种方式，都可以进入【格式】菜单。该菜单有许多选项，分类图标如图4.14所示：

- 油漆罐图标用来更改图表元素的填充和轮廓颜色。
- 五边形图标是【效果】，用来调整图表元素的阴影或光晕等效果。
- 箭头加方形图标是【大小与属性】，用来调整文本的对齐方式，如方向和边距。
- 柱形图图标用于调整坐标轴，里面的内容因图表不同而有差异，一般包括坐标轴范围、条形图宽度和数字格式等。
- 这些选项也适用于整个图表，即我们可以通过【格式】菜单调整图表的边框或背景色。【设置图表区格式】中有一个【图表选项】，如图 4.15 所示。

图4.14　　　　　　　　　　　　　　　　图4.15

在该功能界面，可以用【大小】下的字段调整图表的尺寸（在【绘图区】没有直接调整尺寸的字段）。还可以在【属性】下设置图表的位置和大小是否会随单元格的变化而变化。【属性】区域中的默认选项是【随单元格改变位置和大小】，因此，在创建图表后插入或删除行或列，图表的大小会发生变化。如果想在不改变图表大小的情况下调整表格中的内容，可以勾选其他选项。

Excel在处理数字时很敏感，但经常不知道怎么处理文本或空格。虽然当我们遇到单元格返回一个错误值，却又不知哪里出错时，会感到很恼火，但也可以让其为我所用。在创建图表时，若有些数据不想显示在图表上，则可以在对应单元格中插入一个"=NA()"函数。在生成图表时，Excel会忽略这些值。例如我们想在图表中增加一个数据列来添加标签，但只需要显示部分数据点，这时可以在数据列中所有不显示数据点的单元格中插入"=NA()"函数，而不是录入0，因为制图时Excel会忽略"=NA()"所在单元格，但会把0当成一个数据来计算。

理解默认设置

我们需要清楚Excel各选项的默认设置，以及什么时候需要调整它们。Excel只是按照我们的指令绘制数据——它自身无所谓对错，因此，了解默认设置以及知道何时调整就显得至关重要了。

请记住以下六种Excel的默认设置及调整方式，后面会反复出现。

1. **调整纵轴的范围和单位**。默认情况下，Excel不会将数据绘制在纵轴的顶部。如果需要更改，可以在【设置坐标轴格式】中进行调整。

在图4.16的散点图中，X轴显示人均GDP（国内生产总值），Y轴显示预期寿命。Y轴（纵轴）的默认范围是0到100，但出于以下两个原因，我们需要调整最小值。首先，没有哪个国家的平均预期寿命是0；其次，与条形图必须从0开始不同，在散点图中，坐标轴的起点可以不为0。（译者注：这样还可以避免大量数据点重叠，导致无法读取相关信息。）我们可以在【最小值】框中输入"50"，将其手动调整为坐标轴的起点。如果添加更多数据，【最大值】可能会改变，但【最小值】会保持50不变，除非你单击旁边的【重置】按钮。

2. **误差线的长度**。误差线非常有用，它不仅可以表示不确定性或范围，还能用来添加特定的注释或引导线。当在图表中插入误差线时，Excel有相应的默认设置。对于散点图来说，Excel会插入两条误差线：一条垂直方向，一条水平方向。对于折线图和条形图，Excel只沿一个方向插入误差线，折线图是垂直方向，条形图是水平方向。

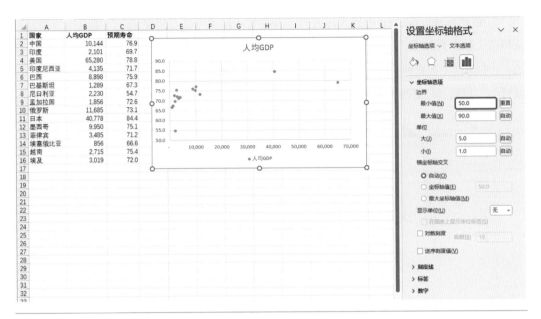

图4.16

误差线的长度和格式都可以调整，需要留意的是，误差线长度默认的【固定值】为1。如果我放大上面的散点图，然后添加误差线，这时只能看见垂直的误差线，看不见水平的误差线（见图4.17）。此处并不是因为没有水平误差线，而是因为X轴（0~5000）的范围比Y轴（65~80）的范围大太多，因此长度为1的水平误差线就会小到无法显示出来。

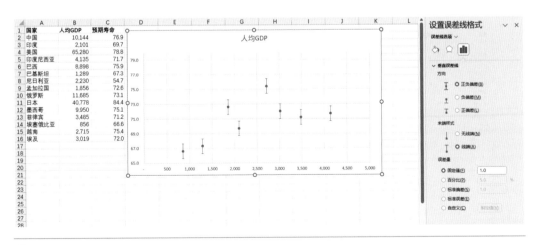

图4.17

3. **创建图表**。在Excel中插入图表时，有些默认设置可以直接使用。以散点图为例，当选择两个数据列并插入一个散点图时，默认情况下，Excel会将第一个数据列放在X轴（横轴），将第二个数据列放在Y轴（纵轴）。如果需要调整，可以在【选择数据源】中通过"切换行/列"按钮进行更改（见图4.18）。

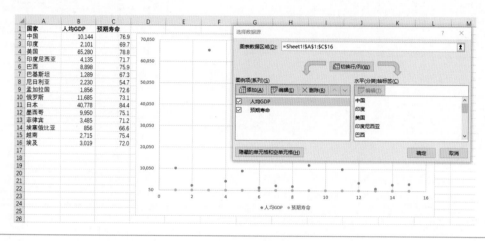

图4.18

4. **颜色透明度**。有时图表上会出现重叠的条、线或点。我们可以通过筛选数据以显示某一部分，但也可以通过调整颜色透明度来显示叠放在下层的数据。在【设置数据系列格式】中，选择一种颜色并拖曳【透明度】滑块来设置透明度（见图4.19）。

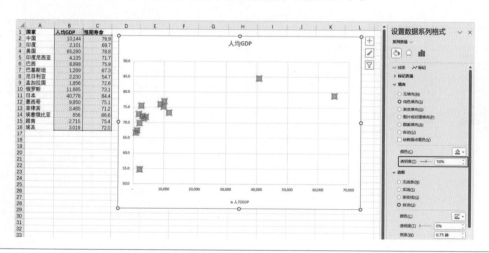

图4.19

5. **柱形宽度和间隙。** Excel柱形图默认的【系列重叠】值为–27%，【间隙宽度】为219%。可以选中柱形图，单击鼠标右键并选择【设置数据系列格式】，然后通过改变【系列重叠】和【间隙宽度】的值调整柱形的宽度和间距。系列重叠指同一个坐标点下，有两个及以上数据列时，柱形之间的重叠程度。间隙宽度是指不同坐标点下的柱形的间距，因此调整【间隙宽度】会改变柱形的宽度。图4.20左侧的图表是默认设置下的效果，而右侧的则是将【系列重叠】和【间隙宽度】分别调整为0%和100%后的效果。我个人更喜欢调整后0%和100%的组合，因为柱形的宽度与空白的比例看起来更舒服，但客观上讲，这两种设置不分轩轾。

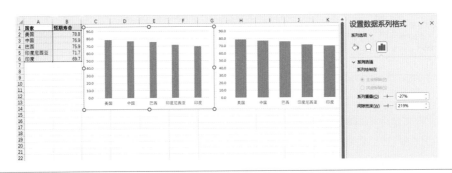

图4.20

6. **主坐标轴和次坐标轴。** 关于默认设置需要留意的最后一点是，数据可以放置在次坐标轴上。例如，插入柱形图时，Excel将数据绘制在图表底部的横轴（X轴）和左侧的纵轴（Y轴）之间。我们还可以添加数据，并将它们的值对应添加到"次坐标轴"——图表顶部的横轴或图表右侧的纵轴。👾在大多数默认情况下，Excel不显示次坐标轴，需要在【添加图表元素】中添加。如果将数据列添加到次坐标轴后，只能看到一个数据列，这是因为主、次坐标轴的范围不一样，新添加的数据列遮住了之前的数据列，这时需要调出坐标轴选项进行调整（见图4.21）。

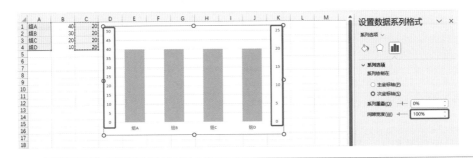

图4.21

设置工作表格式

尽管本书专注于数据可视化，但学习如何设置文本格式也能对我们有所帮助。甚至有不少图表可以通过设置单元格格式的方式，直接在工作表中被创建出来。

Excel中设置格式的工具主要位于功能区的【开始】选项卡中，我们会从左到右逐一进行说明（见图4.22）。

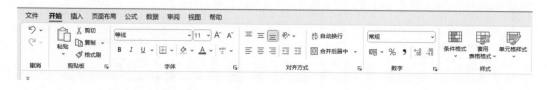

图4.22

剪贴板

复制和粘贴的快捷键是Ctrl+C和Ctrl+V，大多数人都知道它们。但【粘贴】下拉菜单提供了更多的粘贴选择，比如粘贴时是沿用原来的格式，还是只粘贴公式或只粘贴值（只有数字，没有公式），以及其他选项。🦉除了【粘贴】选项和众所周知的快捷键，还可以拖曳选定单元格右下角的绿色小方块，往行或列填充单元格的值或公式。当单元格旁边有其他数据时，你还可以通过双击该单元格的绿色小方块，将单元格内容（包括公式）填充到下面一个空白单元格（见图4.23）。

图4.23

在后续的教程中，当你看到类似"复制并粘贴公式"的内容时，我指的是三个步骤：①选择具有原始公式的单元格并复制（Ctrl+C）；②选择要添加公式的单元格；③粘贴

（Ctrl+V）。或者，你也可以选中带公式的单元格，拖曳右下角的小方块进行填充。

字体

在文本格式设置区，可以用下拉菜单调整字体和字号，还可以把文本加粗、将文字变为斜体或添加下画线。田字形图标是用来设置单元格边框的。选择菜单栏底部的【其他边框】可以调整边框的颜色和粗细。边框默认为黑色，当然，当单元格有颜色填充且我们希望边框是白色时，就需要调整边框颜色。我们可以单击油漆罐图标调整单元格的颜色，单击A字图标修改文本颜色。

对齐方式

该区域左边的上方有三个图标用来调整垂直对齐方式，下方有三个图标用来调整水平对齐方式。还可以用带斜箭头的【ab】图标来旋转文本，以及用两个带小箭头和横线的图标来调整文本的缩进程度，当需要在表中对齐数字时，这个工具很有用（见第29章）。

该区域的右边是【自动换行】和【合并后居中】。启用【自动换行】时，文本可以分成多行显示，而不是只显示一行且覆盖旁边的单元格。【合并后居中】可以将选定的多个单元格合并在一起，其下拉菜单还有一些其他格式设置。在进行数据可视化时，可以综合运用这些工具，通过合并单元格和自动换行来节约时间，这样就不用在多个单元格中分别输入文本信息。

- 还有一个知识：将光标放在想要换行的位置，按 Alt+Enter（macOS 操作系统中是 Option+ENTER）快捷键可以强制换行。如果想利用公式换行，可以使用函数 CHAR(10)（需启用【自动换行】）——请参阅第 22 章，了解该函数的运用。

排序和筛选

设置数据格式时，还需要了解数据的排序和筛选功能。该功能区不在【开始】选项卡里，而是在【数据】选项卡中。该功能区有四个主要按键：

1.【A→Z】升序，自动将数据从小到大排序。

2.【Z→A】降序，自动将数据从大到小排序。

3.【排序】按钮可以自定义排序变量，以及设定是按行排序还是按列排序。

4.【筛选】按钮能添加排序和筛选的条件。如果想对数据进行一些快速排序和筛选，这个按钮会很有帮助（见图4.24）。

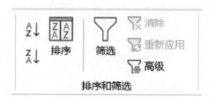

图4.24

数字

在【开始】选项卡中介绍的最后一部分是数字格式。在该区域有个默认显示为【常规】的下拉菜单，其中有一些默认的格式选项。该菜单下面的图标按钮（ 🔢 ∨ % 𝟡 ）可以快捷设置单元格中数字的格式。右边带有零的图标按钮可以调整数字保留到小数点后几位。

在数字格式菜单中有更多的格式选项。选中单元格后，单击鼠标右键，选择【设置单元格格式】。在菜单的第一个【数字】选项卡下，会显示一个格式列表，包括"数值""货币""百分比"和"科学计数"等。每项都可以设置不同的格式，包括不同的数据符号、小数点位置、千位分隔符等。

【设置单元格格式】里的【自定义】功能特别强大。我们可以自定义单元格或图形的显示样式，即在不更改数据的情况下改变其呈现样式。自定义数字格式包含四个参数，它们之间用分号隔开：

a. 正数

b. 负数

c. 零

d. 文本

并不是所有的数字格式设置都包含这四个参数，可以通过添加分号的方式跳过某个参数。（自定义数字格式时，在不同的操作系统或使用场景下，其名称不一样：在Windows操作系统中，当在工作表中调用它时称为【类型】，在图表中则是【格式代码】；而在macOS操作系统中，都称为【类型】。）

我将通过图4.25中高亮显示的部分，来展示自定义数字格式是如何起作用的。

#, ##0_);[红色](#, ##0)

图4.25

　　这个格式可以确定正值和负值的样式。井字符（#）是数字占位符。"#,##0"格式意味着在数字中使用逗号，且不包含小数。下画线表示添加一个空格，而空格的宽度由紧随其后的字符决定，因此"_)"代码意味着添加一个宽度为半括号的空格。负数的格式在分号之后，将值为负数的数字标红（"[红色]"），加括号。

　　在以下表格中（见表4.2），可以看到设置各种格式的结果。ExcelJet网站上（参见本书在线资源）有关于如何创建自定义数字格式的详细信息。

表 4.2

数值	代码	显示	说明
123456	#,##0_)	123,456	正数格式
−123456	;[红色](#,##0)	(123,456)	负数格式
18-Jan-21	yyyy	2021	仅年份
18-Jan-21	mmmm-yyyy	January-2021	月份和年份
15.5	##.#"岁"	15.5 岁	添加文本单位
155	#,##0	155	正数格式

续表

数值	代码	显示	说明
1550	#,##0	1,550	正数格式
15500	#,##0	15,500	正数格式
12000	0, "K"	12K	以千为单位的数字
65	;;;		隐藏内容
100	\VA	VA	转义字符
125	[蓝色][>100]#,##0	125	条件格式

化零为整

现在我们已经浏览了所有菜单，接下来创建一个基本的柱形图。这里我不会添加花哨的格式或复杂的信息，但会介绍一些基本的图表格式选项，为更高阶的学习打基础。

在本例中，将使用世界银行的数据制作一个2010年和2020年七国GDP柱形图，单位为"千美元"。

首先，选择单元格区域A1:C8中的数据，单击【插入】选项卡，插入一个簇状柱形图，选择左上角菜单中【二维柱形图】下的第一个图形（见图4.26）。

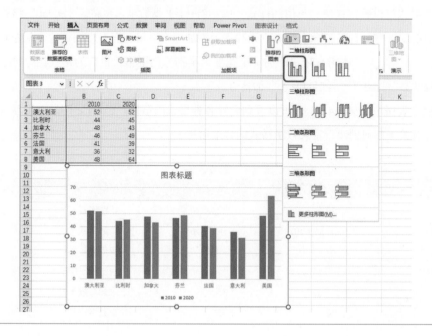

图4.26

注意到柱形之间的空隙了吗？它本身没有什么问题，但我个人不太喜欢。所以我会去掉这个空隙。选择柱形图，单击鼠标右键，在弹出的菜单中选择【设置数据系列格式】，将【系列重叠】设为0%，【间隙宽度】设为100%。这个操作步骤在后续案例中会像这样描述：选择柱形图，单击鼠标右键→【设置数据系列格式】→【系列重叠】设为0%，【间隙宽度】设为100%（见图4.27）。

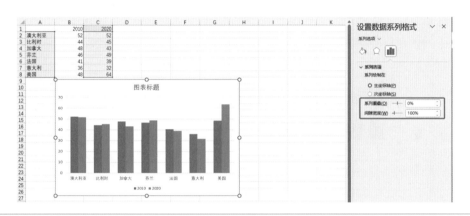

图4.27

接着调整Y轴的数字格式。选择Y轴，单击鼠标右键→【设置坐标轴格式】→【数字】→【货币】。在【符号】下拉菜单中，选择美元符号（$）（见图4.28）。

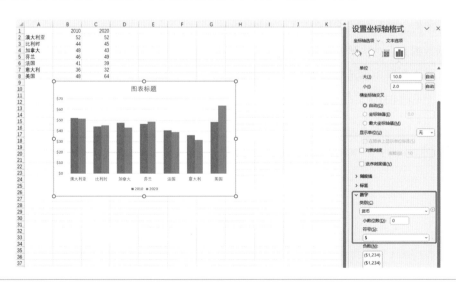

图4.28

　　为了熟悉更多的功能，我们为柱形图添加一些标签。选择柱形图，单击鼠标右键，选择【添加数据标签】。由于单元格中的数字显示为整数，因此数据标签也将显示为整数。为使数据标签显示到小数点后1位，选择任意数据标签后单击鼠标右键→【设置数据标签格式】→【数字】，在【类别】处选择"数字"，并将【小数位数】设置为1（见图4.29）。

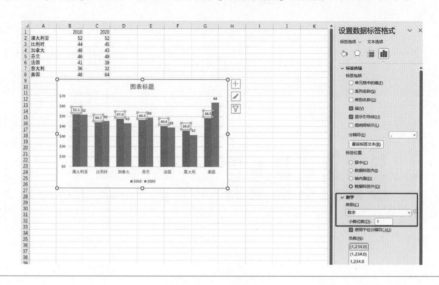

图4.29

　　接下来，将目前位于底部的图例移到顶部，选中图例，单击鼠标右键，然后在【图例选项】的【图例位置】中选择【靠上】（见图4.30）。

　　根据数据大小对柱形图排序的视觉效果，通常比默认的字母排序要好。这个可以在工作表中调整，选择数据（单元格C1:C8），【数据】→【排序】，并在C列中根据2020年人均GDP进行排序（见图4.31）。

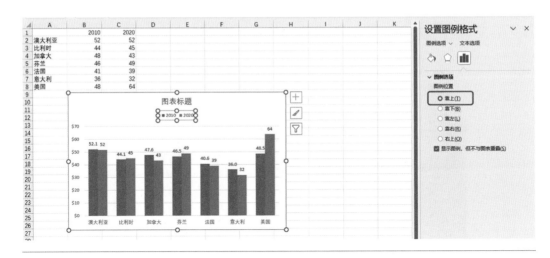

图4.30

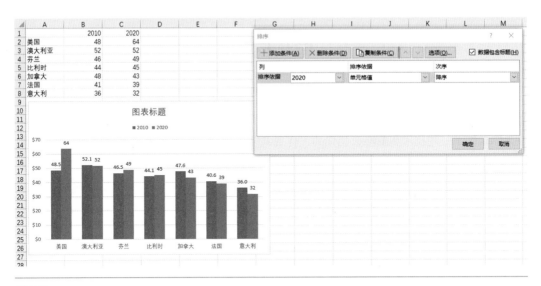

图4.31

　　最后，再对图表进行一些格式上的修改。比如更改图表的大小（7.62×12.7厘米太小了），并通过【图表标题】撰写标题。我一般会调整柱形图的颜色和字体。如果柱形图上有数据标签，我会删除Y轴和网格线（选中对应元素，删除即可），因为它们和数据标签的作用是一样的（见图4.32）。

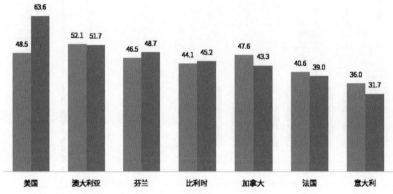

图4.32

稳步向前

　　至此，Excel的基础功能已经介绍完了。如果你是Excel的新手，希望本章能让你一窥其在数据分析、数据处理、数据格式化和数据可视化方面的威力。如果你是Excel的老手，本章也为你提供了一些技术和策略，让你的工作更高效。当然，没有任何一章或者一本书可以教会你关于Excel的所有知识。许多Excel技能的提升需要时间的积累和大量的实际操作（以及耐心）。

第5章

制图常用公式

为了创建想要的图表，我们用公式来处理数据。在添加图表所需的特定数据之前，我会先将完整的原始数据输入Excel，再根据需求进行更新、引用、提取或做其他变更。

本章会介绍17个制图时常用的公式，在后续案例中，你会经常看到这些公式。当然，我们不可能讲解所有公式，也没必要，掌握这17个公式在制作数据图表时应该够用了。

我会用一组简单的数据来演示每个公式如何使用，该组数据是全球14个国家的人口估计值（见表5.1）。

在介绍特定公式之前，有必要先了解如何在Excel中复制和粘贴公式。若要在单元格中插入公式，请首先输入等号（＝）。Excel会在我们输入时提示不同的公式选项。在弹出的窗口中，单击蓝色的链接，会打开Excel帮助窗口（见图5.1到图5.3）。

图5.1　输入"＝"以及部分公式的字母，会有公式提示弹窗出现。

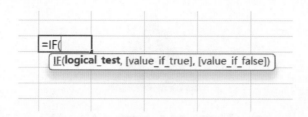

图5.2 当选择了想要的公式后，会弹出公式构成的提示，将鼠标移动到对应文字上，文字会变蓝，单击该蓝色文字，会弹出帮助窗口。

我们可以在"公式栏"中编辑公式，即工作表上方的白色文本框。Excel有许多内置的参考工具，可以帮我们找到合适的公式。

表 5.1

区域	国家	人口, 2020年
非洲	埃塞俄比亚	114,963,583
亚洲	越南	97,338,583
亚洲	土耳其	84,339,067
亚洲	泰国	69,799,978
非洲	南非	59,308,690
欧洲	西班牙	47,351,567
南美洲	阿根廷	45,376,763
南美洲	秘鲁	32,971,846
亚洲	尼泊尔	29,136,808
非洲	乍得	16,425,859
欧洲	白俄罗斯	9,379,952
欧洲	丹麦	5,831,404
亚洲	新加坡	5,685,807
亚洲	蒙古	3,278,292

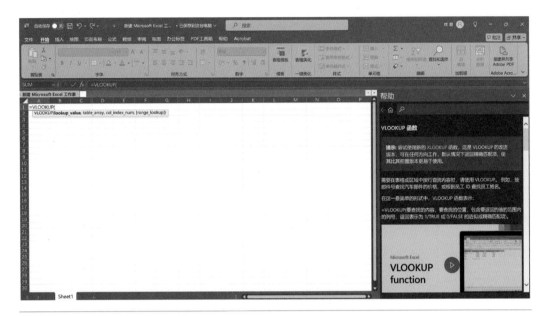

图5.3

绝对引用和相对引用

　　插入公式后，我们可以将其复制并粘贴到Excel工作簿（甚至其他工作簿）中的任何位置。公式中引用的单元格会随着粘贴位置的变化而变化。举一个简单的例子：在单元格B1和单元格C1中输入一个数字。在单元格A1中，插入一个简单的公式"=B1*C1"。

　　如果复制单元格A1中的公式（Ctrl+C快捷键）并将其粘贴到单元格A2中（Ctrl+V快捷键），则公式将自动更新为"=B2*C2"。换句话说，在Excel中，复制后的公式会根据输入数据的相对位置进行调整，因此，它被称为"相对引用"。

　　如果想在工作表的其他地方引用输入的公式，"相对引用"就可能会出问题。假设我们想用单元格C1中的值乘以一串数字。复制后的公式不会引用原始公式中的该单元格，除非将其转换为"绝对引用"。可以在行（数字）或列（字母）前插入美元符号（$），或者行和列之前都插入美元符号（$）来"锁定"单元格引用。（如果要在行和列前都插入$，也可以使用快捷键，在Windows操作系统中是F4或Fn+F4，在macOS操作系统中是CMD+T。）

我们用人口数据来说明。A列是地区，B列是国家，C列是2020年的人口。我们需要将C列的每个数字除以1,000,000，将单位转换为百万。为此，E2单元格中输入1,000,000。在D2单元格中，输入=C2/E2，则可看到埃塞俄比亚的人口转换为115.0。如果我们向下复制该公式，会返回错误结果，因为复制的公式会根据相对位置而变化。单元格D3的公式会变为=C3/E3，而单元格E3为空。（见图5.4和表5.2）。

图5.4

表 5.2

	A	B	C	D	E	F
1	地区	国家	人口, 2020年	百万		百万
2	非洲	埃塞俄比亚	114,963,583	115.0	1,000,000	115.0
3	亚洲	越南	97,338,583	#DIV/0!		97.3
4	亚洲	土耳其	84,339,067	#DIV/0!		84.3
5	亚洲	泰国	69,799,978	#DIV/0!		69.8
6	非洲	南非	59,308,690	#DIV/0!		59.3
7	欧洲	西班牙	47,351,567	#DIV/0!		47.4
8	南美洲	阿根廷	45,376,763	#DIV/0!		45.4
9	南美洲	秘鲁	32,971,846	#DIV/0!		33.0
10	亚洲	尼泊尔	29,136,808	#DIV/0!		29.1
11	非洲	乍得	16,425,859	#DIV/0!		16.4
12	欧洲	白俄罗斯	9,379,952	#DIV/0!		9.4
13	欧洲	丹麦	5,831,404	#DIV/0!		5.8
14	亚洲	新加坡	5,685,807	#DIV/0!		5.7
15	亚洲	蒙古	3,278,292	#DIV/0!		3.3

如果把公式改为=C3/$E$3，就可以"锁定"引用E3单元格。现在，将公式向下复制时，分母始终是单元格E3中的值。例如泰国（第5行），复制后的公式为=C5/$E$3。也可以输入=C3/E$3，因为没有跨列复制，所以引用的列本来就不会变化。

后续的案例中会经常见到"相对引用"和"绝对引用"。我们可以利用它们来复制和粘贴公式，而不用手动调整。

IF等常用函数

```
=IF(Evaluation,if TRUE,if FALSE)
```

IF是Excel中最简单的函数之一。它有三个参数：评估对象，评估结果为真（True）时的返回值，评估结果为假（False）时的返回值。例如，我们判断一个国家的人口是超过还是小于或等于5000万。

```
=IF(C2>50000000,1,0)
```

当我们将公式复制到D列时，人口超过5000万的国家返回值为1，人口小于或等于5000万的国家返回值为0。

该函数可以和文本一起使用，不过，文本需要用双引号引用。例如：

```
=IF(C2>50000000,"超过5千万","小于或等于5千万")
```

将该公式复制到E列时，各单元格中会返回相对应的文本（见图5.5和表5.3）。

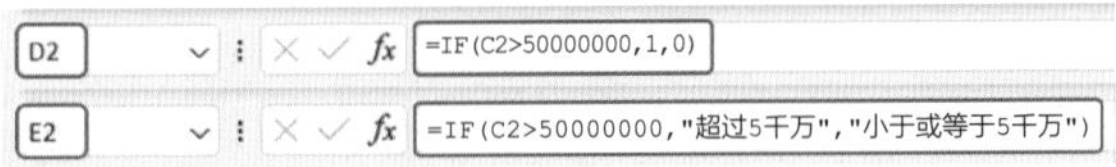

| D2 | ∨ : ✕ ✓ fx | =IF(C2>50000000,1,0) |
| E2 | ∨ : ✕ ✓ fx | =IF(C2>50000000,"超过5千万","小于或等于5千万") |

图5.5

表 5.3

	A	B	C	D	E
1	地区	国家	人口，2020年	IF-数值	IF-文本
2	非洲	埃塞俄比亚	114,963,583	1	超过5千万
3	亚洲	越南	97,338,583	1	超过5千万
4	亚洲	土耳其	84,339,067	1	超过5千万
5	亚洲	泰国	69,799,978	1	超过5千万
6	非洲	南非	59,308,690	1	超过5千万
7	欧洲	西班牙	47,351,567	0	小于或等于5千万
8	南美洲	阿根廷	45,376,763	0	小于或等于5千万
9	南美洲	秘鲁	32,971,846	0	小于或等于5千万

续表

	A	B	C	D	E
10	亚洲	尼泊尔	29,136,808	0	小于或等于5千万
11	非洲	乍得	16,425,859	0	小于或等于5千万
12	欧洲	白俄罗斯	9,379,952	0	小于或等于5千万
13	欧洲	丹麦	5,831,404	0	小于或等于5千万
14	亚洲	新加坡	5,685,807	0	小于或等于5千万
15	亚洲	蒙古	3,278,292	0	小于或等于5千万

=AND(argument 1, argument 2,…)

另一个简单函数AND：当公式中的每个参数都为真时，Excel将返回 "TRUE"。例如，=AND（C2>50000000,A2="亚洲"），越南、土耳其和泰国的返回值为"TRUE"，这三个国家人口超过5000万，并且都属于亚洲，而其他国家的返回值为"FALSE"（见图5.6和表5.4）。

图5.6

表 5.4

	A	B	C	D
1	地区	国家	人口，2020年	AND
2	非洲	埃塞俄比亚	114,963,583	FALSE
3	亚洲	越南	97,338,583	TRUE
4	亚洲	土耳其	84,339,067	TRUE
5	亚洲	泰国	69,799,978	TRUE
6	非洲	南非	59,308,690	FALSE
7	欧洲	西班牙	47,351,567	FALSE
8	南美洲	阿根廷	45,376,763	FALSE
9	南美洲	秘鲁	32,971,846	FALSE
10	亚洲	尼泊尔	29,136,808	FALSE
11	非洲	乍得	16,425,859	FALSE
12	欧洲	白俄罗斯	9,379,952	FALSE
13	欧洲	丹麦	5,831,404	FALSE
14	亚洲	新加坡	5,685,807	FALSE
15	亚洲	蒙古	3,278,292	FALSE

续表

=OR(argument 1, argument 2,…)

OR函数和AND函数类似，但判定方式不同。如果任意一个参数判定为真，则返回TRUE；如果都为假，则返回FALSE。例如，我们可以输入=OR（C2>50000000,A2="亚洲"），即人口超过5000万或位于亚洲的国家，然后，看看哪些返回值为TRUE（见图5.7和表5.5）。

图5.7

表 5.5

	A	B	C	D
1	地区	国家	人口，2020年	OR
2	非洲	埃塞俄比亚	114,963,583	TRUE
3	亚洲	越南	97,338,583	TRUE
4	亚洲	土耳其	84,339,067	TRUE
5	亚洲	泰国	69,799,978	TRUE
6	非洲	南非	59,308,690	TRUE
7	欧洲	西班牙	47,351,567	FALSE
8	南美洲	阿根廷	45,376,763	FALSE
9	南美洲	秘鲁	32,971,846	FALSE
10	亚洲	尼泊尔	29,136,808	TRUE
11	非洲	乍得	16,425,859	FALSE
12	欧洲	白俄罗斯	9,379,952	FALSE
13	欧洲	丹麦	5,831,404	FALSE
14	亚洲	新加坡	5,685,807	TRUE
15	亚洲	蒙古	3,278,292	TRUE

=SUMIF(range,criteria,sum_range)

SUMIF函数是对范围中符合指定条件的值求和。SUMIF函数有三个参数：

– range，指的是引用条件的单元格范围；

– criteria，指的是我们设置的求和条件；

– sum_range，指的是要求和的数据范围。

例如，我们对六个亚洲国家的人口进行求和。在单元格C2中插入以下公式：

$$=SUMIF(A2:A15,"亚洲",C2:C15)$$

第一个参数是范围，这里是指"地区"这一列。第二个参数是筛选条件，即在范围中搜寻的值（亚洲）。最后一个参数是想要求和的数据列（C2:C15）。在这个例子里直接在公式中输入了"亚洲"，另一种操作方式是在某个单元格输入"亚洲"，然后在公式中引用该单元格（见图5.8和表5.6）。

D2	∨ ┊ × ✓ ƒx	=SUMIF(A2:A15,"亚洲",C2:C15)

图5.8

表 5.6

	A	B	C	D
1	地区	国家	人口，2020年	SUMIF
2	非洲	埃塞俄比亚	114,963,583	289,578,535
3	亚洲	越南	97,338,583	
4	亚洲	土耳其	84,339,067	
5	亚洲	泰国	69,799,978	
6	非洲	南非	59,308,690	
7	欧洲	西班牙	47,351,567	
8	南美洲	阿根廷	45,376,763	
9	南美洲	秘鲁	32,971,846	
10	亚洲	尼泊尔	29,136,808	
11	非洲	乍得	16,425,859	
12	欧洲	白俄罗斯	9,379,952	
13	欧洲	丹麦	5,831,404	
14	亚洲	新加坡	5,685,807	
15	亚洲	蒙古	3,278,292	

SUMIF函数在自动添加数值方面很有价值，尤其是当你要更新数据，或以不同的方式对数据排序的时候。

```
=SUMIFS(sum_range,criteria_range1,criteria1,[criteria_range2,
criteria2], ...)
```

SUMIF函数只能根据一个条件进行筛选求和，而SUMIFS函数可以应用多个条件。我们把数据集扩展为包含两种不同年份的数据，看看调整公式后会发生什么：

=SUMIFS(D2:D15,A2:A15,"亚洲",C2:C15,"2020")

该公式是对2020年亚洲国家的人口（D列）进行求和。注意，SUMIFS函数参数的顺序与SUMIF函数不同，它的第一个参数是求和范围，然后是条件范围，条件范围参数后面是具体条件（见图5.9和表5.7）。

图5.9

表 5.7

	A	B	C	D	E
1	地区	国家	年份	人口	SUMIFS
2	亚洲	尼泊尔	1960	10,105,060	280,614,436
3	亚洲	尼泊尔	2020	29,136,808	
4	亚洲	越南	1960	32,670,048	
5	亚洲	越南	2020	97,338,583	
6	南美洲	阿根廷	1960	20,481,781	
7	南美洲	阿根廷	2020	45,376,763	
8	亚洲	泰国	1960	27,397,208	
9	亚洲	泰国	2020	69,799,978	
10	亚洲	土耳其	1960	27,472,339	
11	亚洲	土耳其	2020	84,339,067	
12	南美洲	秘鲁	1960	10,155,011	
13	南美洲	秘鲁	2020	32,971,846	
14	欧洲	西班牙	1960	30,455,000	
15	欧洲	西班牙	2020	47,351,567	

高亮显示这三个部分，可以更清楚地解释这个函数：

=SUMIFS(D2:D15,A2:A15,"亚洲",C2:C15,"2020")

公式中的绿色部分是需要求和的范围；蓝色部分定义为在单元格A2:A15中查询"亚洲"；粉红色部分定义为在单元格C2:C15中查询"2020"。

SUMIFS函数通常比简单的SUM函数更有实用价值，因为它不太容易出错（例如选错了单元格），而且对数据格式的要求更灵活。如果我们按人口对这些数据重新排序，SUMIFS函数的结果将保持不变，但SUM函数的结果可能会因为顺序的改变而出现错误。

=AVERAGEIF(range,criteria,average_range)

=AVERAGEIFS(average_range,criteria_range1,criteria1,[criteria_range2,criteria2], ...)

AVERAGEIF和AVERAGEIFS的逻辑与SUMIF和SUMIFS类似。在本例中，前者在单元格E2中计算了1960年和2020年所有亚洲国家的平均人口，后者在单元格F2中仅计算了2020年亚洲国家的平均人口（见图5.10和表5.8）。

| E2 | ∨ : × ✓ ƒx | =AVERAGEIF(A2:A15,"亚洲",D2:D15) |
| F2 | ∨ : × ✓ ƒx | =AVERAGEIFS(D2:D15,A2:A15,"亚洲",C2:C15,"2020") |

图5.10

单元格 E2：=AVERAGEIF(A2:A15,"亚洲",D2:D15)

单元格 F2：=AVERAGEIFS(D2:D15,A2:A15,"亚洲",C2:C15,"2020")

表 5.8

	A	B	C	D	E	F
1	地区	国家	年份	人口	AVERAGEIF	AVERAGEIFS
2	亚洲	尼泊尔	1960	10,105,060	47,282,386	70,153,609
3	亚洲	尼泊尔	2020	29,136,808		
4	亚洲	越南	1960	32,670,048		
5	亚洲	越南	2020	97,338,583		
6	南美洲	阿根廷	1960	20,481,781		
7	南美洲	阿根廷	2020	45,376,763		
8	亚洲	泰国	1960	27,397,208		
9	亚洲	泰国	2020	69,799,978		
10	亚洲	土耳其	1960	27,472,339		
11	亚洲	土耳其	2020	84,339,067		
12	南美洲	秘鲁	1960	10,155,011		
13	南美洲	秘鲁	2020	32971846		
14	欧洲	西班牙	1960	30455000		
15	欧洲	西班牙	2020	47351567		

```
=COUNTIF(criteria_range,criteria1)
```

```
=COUNTIFS(criteria_range1,criteria1,[criteria_range2,criteria2]…)
```

COUNTIF和COUNTIFS与SUMIF和AVERAGEIF略有不同，我们只需要查找相关条件，它会根据条件来计算符合条件的个数，而不需要计算另一个区域的总和或平均值（见图5.11和表5.9）：

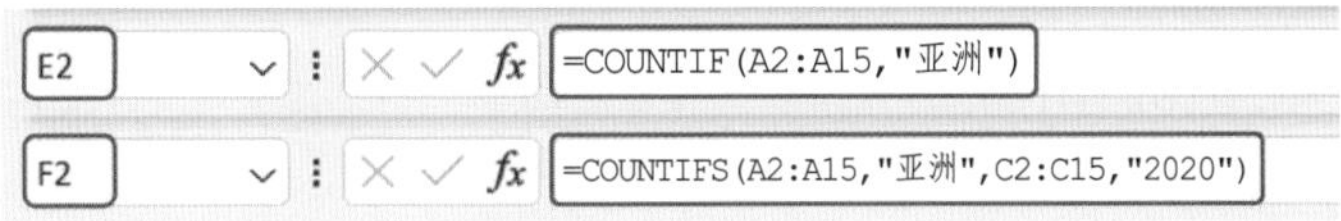

| E2 | ⌄ | : | ✕ | ✓ | fx | =COUNTIF(A2:A15,"亚洲") |
| F2 | ⌄ | : | ✕ | ✓ | fx | =COUNTIFS(A2:A15,"亚洲",C2:C15,"2020") |

图5.11

单元格 E2：=COUNTIF(A2:A15,"亚洲")

单元格 E2：=COUNTIFS(A2:A15,"亚洲",C2:C15,"2020")

表 5.9

	A	B	C	D	E	F
1	地区	国家	年份	人口	COUNTIF	COUNTIFS
2	亚洲	尼泊尔	1960	10,105,060	8	4
3	亚洲	尼泊尔	2020	29,136,808		
4	亚洲	越南	1960	32,670,048		
5	亚洲	越南	2020	97,338,583		
6	南美洲	阿根廷	1960	20,481,781		
7	南美洲	阿根廷	2020	45,376,763		
8	亚洲	泰国	1960	27,397,208		
9	亚洲	泰国	2020	69,799,978		
10	亚洲	土耳其	1960	27,472,339		
11	亚洲	土耳其	2020	84,339,067		
12	南美洲	秘鲁	1960	10,155,011		
13	南美洲	秘鲁	2020	32,971,846		
14	欧洲	西班牙	1960	30,455,000		
15	欧洲	西班牙	2020	47,351,567		

最大值最小值

=MIN(number1,[number2], ...)

=MAX(number1,[number2], ...)

MIN（最小值）函数和MAX（最大值）函数，顾名思义就是查找数据集中的最小值和最大值（见图5.12和表5.10）

单元格 E2：=MIN(D2:D15)

单元格 E2：=MAX(D2:D15)

图5.12

表 5.10

	A	B	C	D	E	F
1	地区	国家	年份	人口	MIN	MAX
2	亚洲	尼泊尔	1960	10,105,060	10,105,060	97,338,583
3	亚洲	尼泊尔	2020	29,136,808		
4	亚洲	越南	1960	32,670,048		
5	亚洲	越南	2020	97,338,583		
6	南美洲	阿根廷	1960	20,481,781		
7	南美洲	阿根廷	2020	45,376,763		
8	亚洲	泰国	1960	27,397,208		
9	亚洲	泰国	2020	69,799,978		
10	亚洲	土耳其	1960	27,472,339		
11	亚洲	土耳其	2020	84,339,067		
12	南美洲	秘鲁	1960	10,155,011		
13	南美洲	秘鲁	2020	32,971,846		
14	欧洲	西班牙	1960	30,455,000		
15	欧洲	西班牙	2020	47,351,567		

组合不同信息

=CONCATENATE(text1,[text2],…)

=CONCAT(text1,[text2],…)

连接符（&）

我们还可以利用函数来组合（连接）数据字段。CONCATENATE是早期使用的函数，现在已被CONCAT函数所取代。两个函数的逻辑是一样的。还有一种更快速、更简单的方法是使用"连接符"&。

使用这种方法，可以组合数据字段来创建数据标签或嵌套在其他公式中使用。比如，用以下方法为每个国家创建"国家，年份"的标签：

单元格 E2：=B2&", "&C2

此公式将单元格B2（"尼泊尔"）与单元格C2（1960）中的值用逗号和空格（","）连接起来。我经常使用这种方法创建自定义标签或特定的标识符（见图5.13和表5.11）。

图5.13

表 5.11

	A	B	C	D	E
1	地区	国家	年份	人口	标签
2	亚洲	尼泊尔	1960	10,105,060	尼泊尔, 1960
3	亚洲	尼泊尔	2020	29,136,808	尼泊尔, 2020
4	亚洲	越南	1960	32,670,048	越南, 1960
5	亚洲	越南	2020	97,338,583	越南, 2020
6	南美洲	阿根廷	1960	20,481,781	阿根廷, 1960
7	南美洲	阿根廷	2020	45,376,763	阿根廷, 2020
8	亚洲	泰国	1960	27,397,208	泰国, 1960
9	亚洲	泰国	2020	69,799,978	泰国, 2020
10	亚洲	土耳其	1960	27,472,339	土耳其, 1960
11	亚洲	土耳其	2020	84,339,067	土耳其, 2020
12	南美洲	秘鲁	1960	10,155,011	秘鲁, 1960

	A	B	C	D	E
13	南美洲	秘鲁	2020	32,971,846	秘鲁, 2020
14	欧洲	西班牙	1960	30,455,000	西班牙, 1960
15	欧洲	西班牙	2020	47,351,567	西班牙, 2020

LOOKUP函数

=VLOOKUP(lookup_value,table_array,col_index_num,[range_lookup])

=HLOOKUP(lookup_value,table_array,row_index_num, [range_lookup])

=XLOOKUP(lookup_value,lookup_array,return_array,[if_not_found],[match_mode],[search_mode])

LOOKUP函数常用来简化或整理数据。Excel中有三个主要的LOOKUP函数:

- VLOOKUP 是一个垂直查找函数,用于跨列查找。
- HLOOKUP 是一个水平查找函数,用于跨行查找。
- XLOOKUP 是较新版本软件里才有的跨行和跨列查找函数。

这三个函数的参数逻辑类似,考虑到VLOOKUP函数使用频率较高,这里重点介绍。

VLOOKUP函数中有四个参数:

- lookup_value 是在数据表中要查找的值,例如某个国家。
- table_array 是要查找的值所在的区域。该查找值必须位于表的第 1 列。
- col_index_num 是区域中对应返回值的列号。lookup_value 所对应的列号是 1。
- range_lookup 有两个选项:
  - 精确匹配(0 或 FALSE)查找第一列中的精确值。
  - 近似匹配(1 或 TRUE)会对第一列进行排序并查找最接近的值。Excel 默认是近似匹配,若不希望近似匹配,就需要调整该参数。

我们用一个示例对其进行详细说明:

=VLOOKUP("秘鲁",A2:B15,2,0)

- 第一个参数是要查找的值:"秘鲁"。
- 第二个参数表示在 A2:B15 范围内查找。"秘鲁"必须出现在该区域的第 1 列。

- 第三个参数表示从哪一列中提取匹配值——要查找的值计为第 1 列，依次向
  右为列数编号。本例中想返回秘鲁的人口，需要从第 2 列（B 列）中提取数
  据，所以参数值为 2。
- 最后一个参数是精确或近似匹配的标识符。本例想准确地找到秘鲁的人口，
  所以输入数字 0（也可以用单词 FALSE）（见图 5.14 和表 5.12）。

| C2 | ∨ : ✕ ✓ fx | =VLOOKUP("秘鲁",A2:B15,2,0) |

图5.14

表 5.12

	A	B	C
1	国家	人口，2020年	VLOOKUP
2	埃塞俄比亚	114,963,583	32,971,846
3	越南	97,338,583	
4	土耳其	84,339,067	
5	泰国	69,799,978	
6	南非	59,308,690	
7	西班牙	47,351,567	
8	阿根廷	45,376,763	
9	秘鲁	32,971,846	
10	尼泊尔	29,136,808	
11	乍得	16,425,859	
12	白俄罗斯	9,379,952	
13	丹麦	5,831,404	
14	新加坡	5,685,807	
15	蒙古	3,278,292	

那么，使用近似匹配会怎样？假设我们想在数据表中添加一个指标，把国家分为
"小""中""大"三个类别。这时，就可以用VLOOKUP函数的近似匹配功能来完成。

首先，必须制作一个较小的"查询"表，对国家的"小""中""大"进行定义。然后，
在D列（从单元格D2开始）中，插入以下公式：

=VLOOKUP(C2,$E$2:$F$4,2,1)

公式从单元格C2开始，该单元格显示了埃塞俄比亚的人口。通过第二个参数（即$E$2:$F$4），让公式将单元格C2中的人口与E2到F4的查询表中第一列的阈值进行比较（见图5.15和表5.13），这里使用了绝对引用（$），这样，把公式复制到D列时，对查询表的引用不会改变。第三个参数值2表示近似匹配后，返回第2列的值。第四个参数值为1，代表近似匹配。

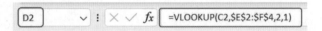

图5.15

近似匹配是怎么运作的？简单来说，它构建了一个数据范围（在E列中）。人口在0至5000万之间的国家规模被定义为"小"，在5000万至1亿之间的为"中"，人口超过1亿的则为"大"。当公式查找埃塞俄比亚人口（单元格C2）时，它用1.15亿与每一个阈值进行比较：比0高；比5000万高；最后和1亿比较，依然高于1亿。因此，最接近的近似值是1亿，其对应的F列文本值是"大"，因此该单元格最终显示为"大"。

表 5.13

	A	B	C	D	E	F
1	地区	国家	人口, 2020年	VLOOKUP		
2	非洲	埃塞俄比亚	114,963,583	大	0	小
3	亚洲	越南	97,338,583	中	50,000,000	中
4	亚洲	土耳其	84,339,067	中	100,000,000	大
5	亚洲	泰国	69,799,978	中		
6	非洲	南非	59,308,690	中		
7	欧洲	西班牙	47,351,567	小		
8	南美洲	阿根廷	45,376,763	小		
9	南美洲	秘鲁	32,971,846	小		
10	亚洲	尼泊尔	29,136,808	小		
11	非洲	乍得	16,425,859	小		
12	欧洲	白俄罗斯	9,379,952	小		
13	欧洲	丹麦	5,831,404	小		
14	亚洲	新加坡	5,685,807	小		
15	亚洲	蒙古	3,278,292	小		

本书中VLOOKUP函数的使用频率很高，因此，值得花点时间熟悉它的工作原理。绝对引用可以在任何参数中使用，也可以在VLOOKUP函数中嵌套其他函数，如IF、AND、OR和&。以表5.14在F2中的公式为例进行说明：

=VLOOKUP(G2&" "&G3,A2:E15,5,0)

A列是标签列，包含国家名称和年份。新公式将G2和G3单元格中的值进行组合，并用空格将它们隔开（例如，"越南 2020"）。然后，它在标签列中查找与G2和G3相同的组合值，并提取查询范围里第5列的对应值（见图5.16和表5.14）。

图5.16

表 5.14

	A	B	C	D	E	F	G
1	标签	地区	国家	年份	人口	VLOOKUP	
2	尼泊尔 1960	亚洲	尼泊尔	1960	10,105,060	97,338,583	越南
3	尼泊尔 2020	亚洲	尼泊尔	2020	29,136,808		2020
4	越南 1960	亚洲	越南	1960	32,670,048		
5	越南 2020	亚洲	越南	2020	97,338,583		
6	阿根廷 1960	南美洲	阿根廷	1960	20,481,781		
7	阿根廷 2020	南美洲	阿根廷	2020	45,376,763		
8	泰国 1960	亚洲	泰国	1960	27,397,208		
9	泰国 2020	亚洲	泰国	2020	69,799,978		
10	土耳其 1960	亚洲	土耳其	1960	27,472,339		
11	土耳其 2020	亚洲	土耳其	2020	84,339,067		
12	秘鲁 1960	南美洲	秘鲁	1960	10,155,011		
13	秘鲁 2020	南美洲	秘鲁	2020	32,971,846		
14	西班牙 1960	欧洲	西班牙	1960	30,455,000		
15	西班牙 2020	欧洲	西班牙	2020	47,351,567		

```
=XLOOKUP(lookup_value,lookup_array,return_array,[if_not_
found],[match_mode],[search_mode])
```

XLOOKUP函数的工作原理与VLOOKUP函数类似，估计它将在未来几年成为主流查询函数。XLOOKUP函数比VLOOKUP函数更灵活，主要体现在两方面。第一，要查找的值不需要出现在数据表的第一列。第二，XLOOKUP函数可以返回包含多个项的数组，因此一个公式可以返回多个字段。

比如我们重新排列一下数据表，将所有国家的名称放在最右边一列。使用XLOOKUP函数，我们可以进行简单的查找工作：

$$=XLOOKUP(B2,D8:D14,B8:B14)$$

该公式在D8:D14中查找单元格B2（土耳其）的值。然后，在单元格B8:B14中查找与土耳其相对应的人口。

$$=XLOOKUP(B5,D8:D14,B8:C14)$$

如果把最后一个参数改为B8:C14，Excel将返回每一列的对应值（见图5.17和表5.15）。相比之下，VLOOKUP函数需要指定某一列，当需要查找多列的结果时，就需要从一列改到另一列。

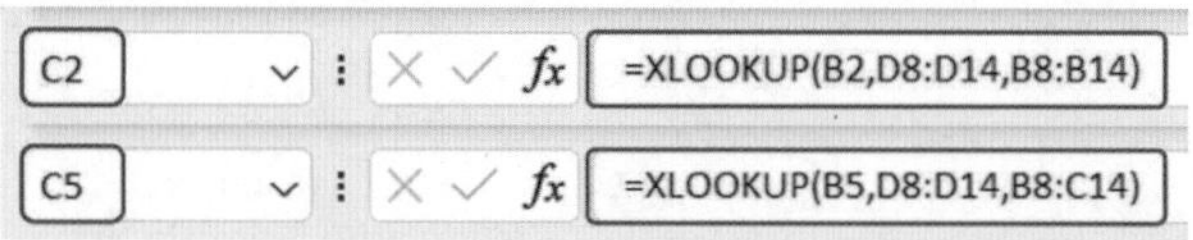

| C2 | ∨ : × ✓ fx | =XLOOKUP(B2,D8:D14,B8:B14) |
| C5 | ∨ : × ✓ fx | =XLOOKUP(B5,D8:D14,B8:C14) |

图5.17

表 5.15

	A	B	C	D
1		国家	人口, 1960	
2		土耳其	27,472,339	
3				
4		国家	人口, 1960	人口, 2020
5		秘鲁	10,155,011	32,971,846
6				
7	地区	人口, 1960	人口, 2020	国家

续表

	A	B	C	D
8	南美洲	20,481,781	45,376,763	阿根廷
9	亚洲	10,105,060	29,136,808	尼泊尔
10	南美洲	10,155,011	32,971,846	秘鲁
11	欧洲	30,455,000	47,351,567	西班牙
12	亚洲	27,397,208	69,799,978	泰国
13	亚洲	27,472,339	84,339,067	土耳其
14	亚洲	32,670,048	97,338,583	越南

小结

　　许多人喜欢用另外两个查找函数：INDEX函数和MATCH函数。这两个函数的工作原理与LOOKUP函数类似，但对数据表的结构和顺序没有太高要求，处理起来更灵活。也正因如此，它们的使用难度会更高。我个人是LOOKUP函数的爱好者，所以本书将不介绍其他的查找函数。

　　Excel有大量的函数以及组合函数的方法。有些函数可以直接从Web中提取数据（例如STOCKHISTORY），而另一些能以数组的形式保存数据，而不是保存在一个单元格中。微软的Office套件中还带有VBA编程语言，可用于自动匹配某些任务或扩展Excel的功能。简而言之，我在这本书中使用的函数和方法可能不是最优解，也可能包含一些资深Excel用户不会去用的函数。但在我多年来使用这些函数的过程中，它们能很好地帮我分析、提取、组织和可视化我的数据。

第6章

在 Excel 中自定义主题颜色

在可视化数据时，选择和运用调色板是一项极具挑战性的任务。颜色可以突出重点并吸引注意力，但也可能使图表看起来混乱或丑陋。正如计算机科学家Maureen Stone曾经写道，"颜色使用不当会令人感到模糊、混乱和困惑"（Stone，2006）。

在Excel中使用默认配色方案将会生成千篇一律的可视化效果。对我来说，使用默认颜色意味着某种程度的懒惰——懒得思考更好的方案来展示数据或传达观点（见图6.1）。

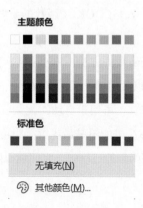

图6.1

我们可以自定义调色板并将其添加到Excel中，方便在默认调色板和自定义调色板之间切换。更妙的是，自定义的调色板可以与他人共享，这样，整个团队或组织就能创建统一风格的图形和图表。还可以将调色板加载到你的所有其他微软办公软件中，以创建具有统一视觉效果的Word和PPT文档。

颜色选择入门

自定义调色板并非易事，我们需要了解设计、对比度、可识别性以及不同颜色的工作原理。深入了解如何为调色板选择颜色超出了本书的范围，对于普通用户来说，在创建自定义颜色时，只需注意以下四点即可。

首先，专业的事交给专业的人来做。作为一个没有平面设计背景的人，我会把自定义调色板的事情交给专家。考虑到色彩理论和我们对色彩感知的复杂性，让专家帮你创建调色板可能是最佳选择。但请记住，数据可视化与传统的品牌可视化不同，有些颜色在徽标或网站上效果可能很好，但在图表中可能很糟糕。因此，当你与色彩专家合作时，你要从数据可视化专家的角度来思考，这样，你们才能共同创建一个适用于数据图表的调色板。

第二，牢记可识别性（见说明6.1）。有许多类型的视障读者在区分颜色时会有困难。其他一些类型的视力障碍则可能导致光敏感或视力模糊，这使得颜色的选择变得尤为重要。

第三，善用工具。网上有很多挑选和测试颜色的工具，有不少是免费的。其中一些工具还拥有已经搭配好的调色板库，你可以直接使用它们。

第四，测试你的颜色。自定义了调色板后，你需要生成可视化图表测试一下效果，看看相关颜色是否协调。记得要尝试使用不同类型的可视化图表，以及不同数据值，这样的测试才更全面。还可以邀请其他人阅读你的图表，并就色彩方面提供反馈。虽然这是最简单的用户测试，但长期坚持做的话非常有价值。

说明6.1：可识别性的注意事项

全面探讨如何让残障人士（视力、身体、智力或其他）识别图形和其他可视化内容超出了本书的范围。但是，我们可以做两件事来尽可能地让更多人士能识别数据可视化的内容。

首先，谨慎选择你要用的颜色。全球约3亿人有某种形式的色觉障碍，最常见的是红绿色盲，他们很难区分相似色调的红色和绿色。除此之外，有些人可能对光或对比度很敏感，而还有一些人可能是低视力（译者注：一种视功能障碍，无法通过手术、药物或验光配镜的方式改善），即清晰度或锐度很低（万维网联合会，2019）。

其次，为所有的图像附上"替换文字"（alt text）。它是对视觉内容的描述。屏幕阅读器等辅助工具会大声朗读"替换文字"，这样视障用户就可以听到内容。如果图像上没有附加文本，屏幕阅读器将跳过图像，或只读取文件名。

要为图像编写"替换文字",请考虑以下三个组成部分(Cesal,2020):

1. 图表类型,告诉用户图像是折线图、条形图还是饼图。

2. 数据类型,说明X轴和Y轴表示的内容。

3. 最重要的是,告诉读者应该从图表中了解什么。如果你写了个有吸引力的标题,那就从标题开始。

在Excel(和微软的其他Office产品)中,可以使用【图片格式】中的【替换文字】选项,也可以单击鼠标右键→【查看可选文字】输入文本。

创建自定义调色板

Excel的新版本有25个可供选择的调色板。在【页面布局】选项卡的左侧,【主题】选项区内,有【颜色】及其他按键(见图6.2)。

图6.2

在下拉菜单中选择任意方案都会更改整个Excel的主题颜色。因此,只需单击,就可以从"蓝-橙-灰"的默认主题色切换到"蓝色暖调"等主题色(见图6.3;我们将使用自定义颜色)。

在下拉菜单的底部,单击进入【自定义颜色】,可以手动调整调色板中的颜色,并将新的调色板保存为XML文件。(此操作仅适用于Windows操作系统,不过,你可以在macOS操作系统中的PowerPoint里通过【设计】→【变体】→【颜色】来自定义调色板。当然,如果你愿意,你也可以在Windows操作系统中的PowerPoint里自定义调色板。)

如图6.4所示,默认调色板中有两组【文字/背景】选项,6个【着色】选项,以及【超链接】和【已访问的超链接】。菜单右侧的"示例"区是颜色使用的预览。请注意,颜色的顺序很重要。比如,我们使用默认调色板创建一个数据列中的条形图,则条形图显示为【着色1】的蓝色。如果添加第二个数据列,则显示为【着色2】的橙色。

要自定义颜色，请单击文本旁边的颜色框下拉菜单，然后输入"红-绿-蓝"（RGB）代码（范围从0到255的3个数字）或十六进制（HEX）代码（由字母和数字组合而成的6个字符串；图6.5）。如果使用PowerPoint设置调色板的颜色，还可以用吸管工具直接从图像中提取颜色。

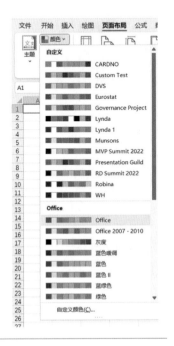

图6.3

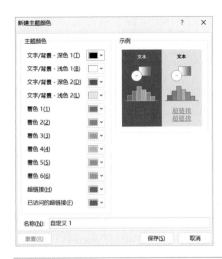

图6.4

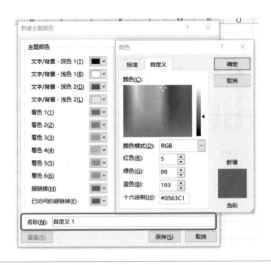

图6.5

当所有颜色调整好后，给调色板命名，并单击【保存】按钮（见图6.6）。Excel将生成一个完整的调色板XML文件。

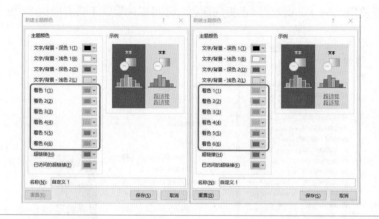

图6.6

设置好后，调色板上会自动生成一系列主题颜色的色调和明暗变化（见图6.7）。设置好后重启应用程序（但不用重启计算机），在任意Office软件中单击【颜色】下拉菜单时，你设置的新调色板就会出现在面板中，之后就可以直接使用了。即使只是在Excel中设置，新的调色板也会同时添加到PowerPoint和Word中（见图6.8）。

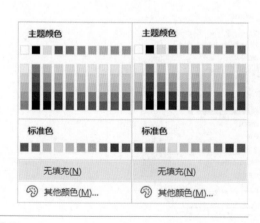

图6.7

图6.8

XML文件的位置

自定义调色板后，我们可以从哪里找到XML文件，以便与团队或组织共享？不同计算机和不同版本的Windows路径可能不一样，在安装了Windows 11操作系统的电脑上，可以试着在以下位置寻找主题颜色文件夹：C:\Users\USERNAME\AppData\Roaming\Microsoft\Templates\Document Themess\Theme Colors。

你需要把USERNAME替换为你的用户名。如果你找不到"AppData"文件夹，它可能被设置为隐藏文件夹。打开【此电脑】（即资源管理器），在地址栏中输入%AppData%，然后按回车键。（译者注：%AppData%是一种系统环境变量，表示Windows的应用程序数据存储路径：C:\Users\用户名\AppData\Roaming。）

如果你找不到XML文件，我的建议是给调色板命名时，名字可以取得特别点，并使用Windows资源管理器或Mac的【访达】功能来查找文件。记住，它就是一个普通文件，和其他文件一样，所以如果你把它命名为"Schwabish"，搜索结果很可能就只出现你想要找的这个文件。找到文件夹后，你就能看到可以用来共享的XML文件了（见图6.9）。

图6.9

我们还可以通过以下方式将多个调色板快速加载到Excel中。我们可以编写XML文件代码，并将其放置在适当的文件夹中。

XML文件有一个通用模板，可以根据自己的需要修改其中的参数。打开文本编辑器并编写下面所示的代码。只需要修改以蓝色显示的调色板名称和以绿色显示的HEX代码（见图6.10）。

```
<?xml version="1.0" encoding="UTF-8" standalone="yes"?>
<a:clrScheme xmlns:a="http://schemas.openxmlformats.org/
drawingml/2006/main" name="Viridis">
<a:dk1><a:srgbClr val="000000"/>
</a:dk1><a:lt1><a:srgbClr val="FFFFFF"/>
</a:lt1><a:dk2><a:srgbClr val="44546A"/>
</a:dk2><a:lt2><a:srgbClr val="E7E6E6"/>
</a:lt2><a:accent1><a:srgbClr val="430C54"/>
</a:accent1><a:accent2><a:srgbClr val="404486"/>
</a:accent2><a:accent3><a:srgbClr val="29778E"/>
</a:accent3><a:accent4><a:srgbClr val="20A784"/>
</a:accent4><a:accent5><a:srgbClr val="7AD051"/>
</a:accent5><a:accent6><a:srgbClr val="FCE625"/>
</a:accent6><a:hlink><a:srgbClr val="0563C1"/>
</a:hlink><a:folHlink><a:srgbClr val="954F72"/>
</a:folHlink></a:clrScheme>
```

调色板的名称显示在第三行的引号中，颜色代码显示在其他行的引号中。如果要更改颜色，更换其HEX代码即可。该调色板中的【着色1】是"430C54"，这是一种浓郁的紫色。

要用这种方法制作XML文件，就必须用到HEX颜色代码。一些在线工具可以将RGB代码转换为HEX代码。调整好代码后，将文件扩展名改为.xml然后保存到Excel的主题颜色文件夹中，这时，Excel将生成不同色调和明暗变化的调色板（见图6.10）。

现在，我们有了一系列独立的调色板，可以在所有Microsoft软件中使用，并与同事共享，这样，大家就可以在Excel、PowerPoint和Word中制作统一风格的可视化图表。

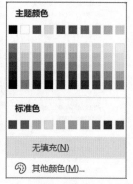

图6.10 Viridis调色板

第2部分

Excel 制图宝典

第7章

迷你图 ■

迷你图
难度等级: 初级
数据类型: 时间
组合图表: 否
公式使用: 无

迷你图是嵌入表中的小型数据图。利用迷你图，可以将包含大量行或列的庞大表格简化为更直观的数据。

以下是10家大型科技公司的股票交易量（见图7.1）。A列是每家公司的股票代码，B列是公司名称，C列是2022年1月初某日的交易量，而D列是2022年1月底某日的交易量。E列显示的是1月初至1月底交易量百分比变化。接下来我们把迷你图放在F列，引用范围为H至AA列中显示的每日数据。

	A	B	C	D	E	F	G	H	I	J	K	L	M
1	2022年1月顶级科技公司股票市场表现												
2	代码	公司	1月3日	1月31日	% 变化	过去30天		1/3/22	1/4/22	1/5/22	1/6/22	1/7/22	1/10/22
3	AMZN	Amazon	3,193,457	3,915,372	22.6			3,193,457	3,536,258	3,215,136	2,597,889	2,330,295	4,389,915
4	CRM	Salesforce	4,318,489	7,084,216	64.0			4,318,489	7,240,729	18,882,465	9,376,094	6,286,718	7,803,784
5	EBAY	eBay	6,685,654	9,059,308	35.5			6,685,654	7,527,336	7,440,725	8,218,382	5,000,956	6,684,049
6	ETSY	Etsy	2,603,925	3,465,217	33.1			2,603,925	3,700,137	3,550,589	4,720,649	2,846,825	3,623,725
7	FB	Facebook	14,562,849	21,579,474	48.2			14,562,849	15,997,974	20,564,521	27,962,809	14,722,020	24,942,383
8	GOOGL	Google	1,433,947	1,999,300	39.4			1,433,947	1,419,972	2,730,914	1,867,371	1,488,028	2,220,406
9	NFLX	Netflix	3,068,808	20,047,452	553.3			3,068,808	4,393,135	4,148,749	5,711,795	3,382,873	4,486,145
10	PYPL	Pinterest	12,797,801	14,260,028	11.4			12,797,801	14,197,966	13,227,643	14,206,255	12,627,265	14,701,568
11	TWTR	Twitter	14,447,453	17,558,278	21.5			14,447,453	21,422,442	22,008,559	16,613,358	14,669,913	14,997,303
12	ZNGA	Zynga	14,963,287	42,834,517	186.3			14,963,287	32,186,188	16,398,353	18,512,947	22,282,652	327,842,296

图7.1

1. 在【插入】选项卡中，选择【迷你图】选项区中的【折线】，该区域在【图表】区的右侧（见图7.2）。

图7.2

2. 创建迷你图，只需引用两个区域：要绘制的数据所在区域和生成迷你图的位置区域。在【数据范围】中，选择数据所在单元格区域H3:AA12，在【位置范围】中输入迷你图的位置（单元格区域F3:F12）。单击确定，会自动生成迷你图（见图7.3）。

图7.3

3. 选中 F列中的任意一个迷你图，功能区上会出现一个新的【迷你图】选项卡，在这里可以对其进行格式调整。比如在【迷你图颜色】下拉菜单中调整图形颜色，在【显示】选项区中添加标记，甚至在【类型】选项区中更改图表类型（见图7.4）。

利用迷你图，我们可以在一张较小的可视化表格中展示数据，而不需要把30多列数据都呈现出来。迷你图显示了1月份的整体趋势，其中单独标记显示了月底的交易量（见图7.5）。

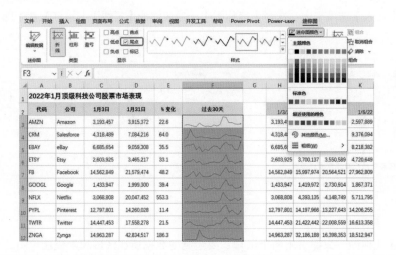

图7.4

2022年1月顶级科技公司股票市场表现

代码	公司	1月3日	1月31日	% 变化	过去30天
AMZN	Amazon	3,193,457	3,915,372	22.6	
CRM	Salesforce	4,318,489	7,084,216	64.0	
EBAY	eBay	6,685,654	9,059,308	35.5	
ETSY	Etsy	2,603,925	3,465,217	33.1	
FB	Facebook	14,562,849	21,579,474	48.2	
GOOGL	Google	1,433,947	1,999,300	39.4	
NFLX	Netflix	3,068,808	20,047,452	553.3	
PYPL	Pinterest	12,797,801	14,260,028	11.4	
TWTR	Twitter	14,447,453	17,558,278	21.5	
ZNGA	Zynga	14,963,287	42,834,517	186.3	

图7.5

快速操作指南

1.【插入】→【迷你图】→【折线】。

2. 在【数据范围】输入引用的数据（单元格区域H3:AA12），在【位置范围】输入迷你图的显示位置（单元格区域F3:F12）。

热图

热图	
难度等级: 初级	
数据类型: 类别	
组合图表: 否	
公式使用: 无	

热图类似于表格，但它显示的不是实际数据，而是颜色。通常用深色显示高频数据。

利用Excel的【条件格式】功能，再加上隐藏数字的小技巧，可以轻松创建热图。本书将多次使用条件格式的功能，因此，在本节会介绍得详细些。

本例是2021赛季美国职业棒球大联盟（MLB）各队的一垒安打（1B）、二垒安打（2B）、三垒安打（3B）和本垒打（HR）的数据统计。我们想显示每个类别的总数，虽然用传统的表格也行，但不容易看出数据趋势和规律（见图8.1）。

	A	B	C	D	E	F
1	队名	1B	2B	3B	HR	总计
2	Arizona Diamondbacks	814	308	31	144	1,297
3	Atlanta Braves	779	269	20	239	1,307
4	Baltimore Orioles	820	266	15	195	1,296
5	Boston Red Sox	862	330	23	219	1,434
6	Chicago Cubs	794	225	26	210	1,255
7	Chicago White Sox	886	275	22	190	1,373
8	Cincinnati Reds	822	295	13	222	1,352
9	Cleveland Indians	796	248	22	203	1,269
10	Colorado Rockies	847	275	34	182	1,338
11	Detroit Tigers	847	236	37	179	1,299
12	Houston Astros	962	299	14	221	1,496
13	Kansas City Royals	906	251	29	163	1,349
14	Los Angeles Angels	853	265	23	190	1,331
15	Los Angeles Dodgers	822	247	24	237	1,330
16	Miami Marlins	837	226	23	158	1,244
17	Milwaukee Brewers	784	255	18	194	1,251
18	Minnesota Twins	795	271	17	228	1,311
19	New York Mets	821	228	18	176	1,243
20	New York Yankees	819	213	12	222	1,266
21	Oakland Athletics	795	271	19	199	1,284
22	Philadelphia Phillies	804	262	24	198	1,288
23	Pittsburgh Pirates	862	240	35	124	1,261
24	San Diego Padres	831	273	21	180	1,305
25	San Francisco Giants	823	271	25	241	1,360
26	Seattle Mariners	766	233	11	199	1,209
27	St. Louis Cardinals	822	261	22	198	1,303
28	Tampa Bay Rays	790	288	36	222	1,336
29	Texas Rangers	838	225	24	167	1,254
30	Toronto Blue Jays	895	285	13	262	1,455
31	Washington Nationals	914	272	20	182	1,388

图8.1

1. 首先，利用【条件格式】功能为单元格添加颜色，选中单元格区域B2:B31，单击【开始】→【条件格式】→【色阶】→【其他规则】进行设置（见图8.2）。

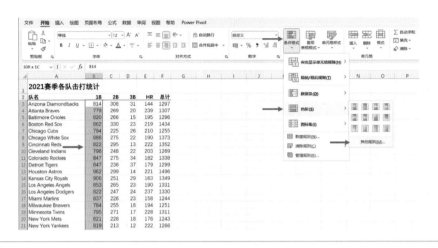

图8.2

2. 在弹出的对话框中，选择要使用的颜色。标准的"调色板顺序"使用浅色表示较小的值，深色表示较大的值。在【最小值】和【最大值】下方的下拉菜单中可以选择其他选项，这里使用默认的【最低值】和【最高值】就行。在【颜色】下拉菜单中选择颜色，然后单击【确定】按钮（见图8.3）。该列就会呈现我们所选的颜色（见图8.4）

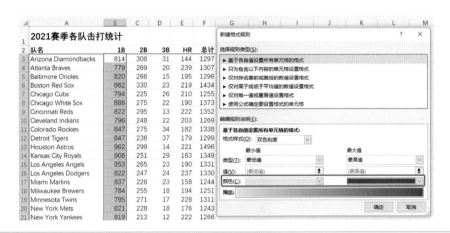

图8.3

	A	B	C	D	E	F
1	队名	1B	2B	3B	HR	总计
2	Arizona Diamondbacks	814	308	31	144	1,297
3	Atlanta Braves	779	269	20	239	1,307
4	Baltimore Orioles	820	266	15	195	1,296
5	Boston Red Sox	862	330	23	219	1,434
6	Chicago Cubs	794	225	26	210	1,255
7	Chicago White Sox	886	275	22	190	1,373
8	Cincinnati Reds	822	295	13	222	1,352
9	Cleveland Indians	796	248	22	203	1,269
10	Colorado Rockies	847	275	34	182	1,338
11	Detroit Tigers	847	236	37	179	1,299
12	Houston Astros	962	299	14	221	1,496
13	Kansas City Royals	906	251	29	163	1,349
14	Los Angeles Angels	853	265	23	190	1,331
15	Los Angeles Dodgers	822	247	24	237	1,330
16	Miami Marlins	837	226	23	158	1,244
17	Milwaukee Brewers	784	255	18	194	1,251
18	Minnesota Twins	795	271	17	228	1,311
19	New York Mets	821	228	18	176	1,243
20	New York Yankees	819	213	12	222	1,266
21	Oakland Athletics	795	271	19	199	1,284
22	Philadelphia Phillies	804	262	24	198	1,288
23	Pittsburgh Pirates	862	240	35	124	1,261
24	San Diego Padres	831	273	21	180	1,305
25	San Francisco Giants	823	271	25	241	1,360
26	Seattle Mariners	766	233	11	199	1,209
27	St. Louis Cardinals	822	261	22	198	1,303
28	Tampa Bay Rays	790	288	36	222	1,336
29	Texas Rangers	838	225	24	167	1,254
30	Toronto Blue Jays	895	285	13	262	1,455
31	Washington Nationals	914	272	20	182	1,388

图8.4

3. 按照同样的步骤，用不同的颜色为其余各列添加颜色。有时，我们可能希望整张表格呈现同一色系，而不是每列使用不同的颜色。那么我们无须为每列单独添加颜色，可以选择整张表进行条件格式设置。这样的单色系表格可能会呈现出不同的观点。在图8.5的第一个版本中，可以看出哪支球队在各击打类型中的命中率最高。亚利桑那（Arizona）响尾蛇队和波士顿（Boston）红袜队二垒安打（2B）最多，而本垒打（HR）最多的是多伦多（Toronto）蓝鸟队。而在第二个版本中，可以看出一垒安打（1B）是各球队主要得分手段。

队名	1B	2B	3B	HR	总计
Arizona Diamondbacks	814	308	31	144	1,297
Atlanta Braves	779	269	20	239	1,307
Baltimore Orioles	820	266	15	195	1,296
Boston Red Sox	862	330	23	219	1,434
Chicago Cubs	794	225	26	210	1,255
Chicago White Sox	886	275	22	190	1,373
Cincinnati Reds	822	295	13	222	1,352
Cleveland Indians	796	248	22	203	1,269
Colorado Rockies	847	275	34	182	1,338
Detroit Tigers	847	236	37	179	1,299
Houston Astros	962	299	14	221	1,496
Kansas City Royals	906	251	29	163	1,349
Los Angeles Angels	853	265	23	190	1,331
Los Angeles Dodgers	822	247	24	237	1,330
Miami Marlins	837	226	23	158	1,244
Milwaukee Brewers	784	255	18	194	1,251
Minnesota Twins	795	271	17	228	1,311
New York Mets	821	228	18	176	1,243
New York Yankees	819	213	12	222	1,266
Oakland Athletics	795	271	19	199	1,284
Philadelphia Phillies	804	262	24	198	1,288
Pittsburgh Pirates	862	240	35	124	1,261
San Diego Padres	831	273	21	180	1,305
San Francisco Giants	823	271	25	241	1,360
Seattle Mariners	766	233	11	199	1,209
St. Louis Cardinals	822	261	22	198	1,303
Tampa Bay Rays	790	288	36	222	1,336
Texas Rangers	838	225	24	167	1,254
Toronto Blue Jays	895	285	13	262	1,455
Washington Nationals	914	272	20	182	1,388

图8.5

队名	1B	2B	3B	HR	总计
Arizona Diamondbacks	814	308	31	144	1,297
Atlanta Braves	779	269	20	239	1,307
Baltimore Orioles	820	266	15	195	1,296
Boston Red Sox	862	330	23	219	1,434
Chicago Cubs	794	225	26	210	1,255
Chicago White Sox	886	275	22	190	1,373
Cincinnati Reds	822	295	13	222	1,352
Cleveland Indians	796	248	22	203	1,269
Colorado Rockies	847	275	34	182	1,338
Detroit Tigers	847	236	37	179	1,299
Houston Astros	962	299	14	221	1,496
Kansas City Royals	906	251	29	163	1,349
Los Angeles Angels	853	265	23	190	1,331
Los Angeles Dodgers	822	247	24	237	1,330
Miami Marlins	837	226	23	158	1,244
Milwaukee Brewers	784	255	18	194	1,251
Minnesota Twins	795	271	17	228	1,311
New York Mets	821	228	18	176	1,243
New York Yankees	819	213	12	222	1,266
Oakland Athletics	795	271	19	199	1,284
Philadelphia Phillies	804	262	24	198	1,288
Pittsburgh Pirates	862	240	35	124	1,261
San Diego Padres	831	273	21	180	1,305
San Francisco Giants	823	271	25	241	1,360
Seattle Mariners	766	233	11	199	1,209
St. Louis Cardinals	822	261	22	198	1,303
Tampa Bay Rays	790	288	36	222	1,336
Texas Rangers	838	225	24	167	1,254
Toronto Blue Jays	895	285	13	262	1,455
Washington Nationals	914	272	20	182	1,388

图8.5（续）

4. 我们还可以隐藏数字。注意，如果想只显示颜色而不显示数字，不能直接删除数字。一旦删除，填充色就会消失；也不能把数字设为白色，因为单元格已经填充了颜色，白色的数字依然会显示出来（背景是白色时，的确可以用这种方式隐藏数字）。这里，我们用一个格式设置的小技巧来隐藏数字。选中表格中所有数字，单击鼠标右键（或按Ctrl+1/CMD+1快捷键），然后单击【设置单元格格式】（见图8.6）。

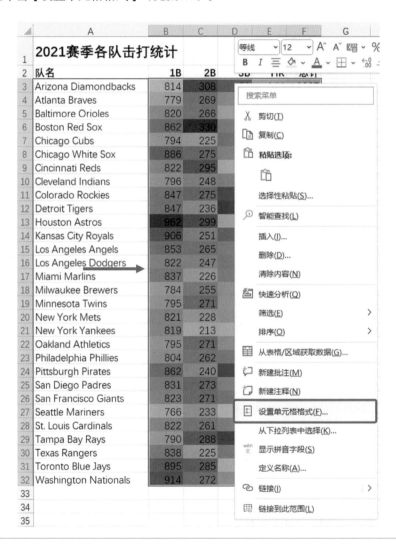

图8.6

5. 在【分类】下的选项中选择【自定义】。然后在【类型】下的对话框里输入三个半角分号（;;;），单击【确定】按钮（见图8.7）。

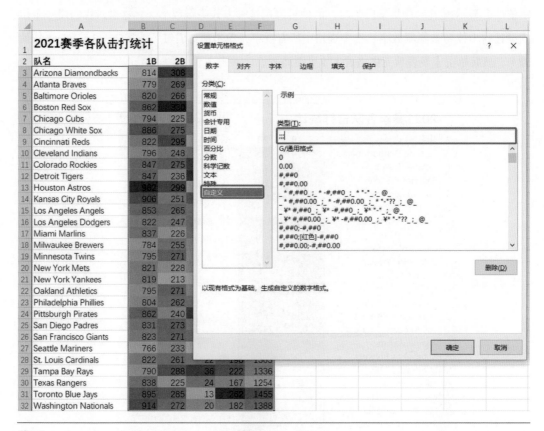

图8.7

6. 上述格式设置只是让数字隐藏起来。它们仍然在单元格里，可以进行正常运算等操作，且颜色依然保留。就我个人而言，我喜欢在热图上追加下面一些小设计（见图8.8）。

a. 除非按字母排序有意义，否则我会按数值大小排序。在图8.8中，我按照击打总数（"总计"列）对数据进行了降序排列。

b. 利用【开始】选项卡中的边框按钮为单元格添加边框线，通常为灰白色。

c. 导出图表之前，在【视图】下的【显示】选项区，取消【网格线】前的勾选项。

队名	1B	2B	3B	HR	总计
Houston Astros					
Toronto Blue Jays					
Boston Red Sox					
Washington Nationals					
Chicago White Sox					
San Francisco Giants					
Cincinnati Reds					
Kansas City Royals					
Colorado Rockies					
Tampa Bay Rays					
Los Angeles Angels					
Los Angeles Dodgers					
Minnesota Twins					
Atlanta Braves					
San Diego Padres					
St. Louis Cardinals					
Detroit Tigers					
Arizona Diamondbacks					
Baltimore Orioles					
Philadelphia Phillies					
Oakland Athletics					
Cleveland Indians					
New York Yankees					
Pittsburgh Pirates					
Chicago Cubs					
Texas Rangers					
Milwaukee Brewers					
Miami Marlins					
New York Mets					
Seattle Mariners					

图8.8 2021赛季各队击打数（按击打总数降序排列）

快速操作指南

1. 选择数据（选择整张数据表或单独选择每列）。

2.【开始】→【条件格式】→【色阶】→【其他规则】。

3. 设置【最小值】和【最大值】的颜色。

4. 隐藏数字：选择单元格区域，单击鼠标右键→【设置单元格格式】→【数字】→【自定义】→在【类型】对话框中输入三个半角分号（;;;）。

条纹图 ■

条纹图	
难度等级: 初级	
数据类型: 类别	
组合图表: 否	
公式使用: 无	

我个人是条纹图的拥趸，它用点或线来显示数据中的单个元素，通常用于呈现数据的分布。在Excel中制作条纹图非常简单，只需要设置条件格式和调整行列的大小。

本例中，我们将用Excel重现一张Ed Hawkins在2018年使用的气候条纹图。以下是每年平均温度与总体平均温度之间的差异数据，单位为摄氏度。该图可用于显示地球温度逐渐升高的趋势。数据从1850年到2021年，标题下方第一行为年份标签，第二行为数据（见图9.1）。

⊿	A	B	C	D	E	F	G	H
1	1850-2021年，全球温度变化							
2	1850	1851	1852	1853	1854	1855	1856	1857
3	-0.42	-0.23	-0.23	-0.27	-0.29	-0.30	-0.32	-0.47
4								
5								
6								

图9.1

1. 创建条纹图主要是利用【条件格式】功能。为了创建条纹图，我们把数据横向排列。首先，选中第三行的所有数据，即单元格区域A3:FP3（或使用Ctrl+Shift+右箭头快捷键），然后按以下顺序操作，单击【开始】➔【条件格式】➔【色阶】➔【其他规则】。

对于这张特定的图表，我们希望使用"相异色"表示温度差异，最低温度为深蓝色，最高温度为红色。在中间位置添加一个0℃的点，并将其设置为白色，以区分红蓝两色。为了实现这个效果，先在【格式样式】中选择"三色刻度"，同时将【中间值】的类型改为"数字"，并将其值设为0。然后，将最小值的颜色设置为蓝色，中间值为白色，最大值为红色。可以通过【颜色】下拉菜单后的【其他颜色】功能来调整色调，或者直接用内置的颜色。完成设置后，单击【确定】（见图9.2）。

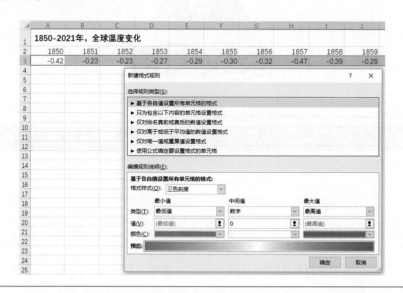

图9.2

2. 为了呈现最终想要的效果，需要调整列宽。在将列宽变窄之前，我们先设置一下年份的标签。在年份下方插入新行，以添加每十年的标签：1850、1860、1870等。可以用公式来引用年份，但更便捷的方法是在单元格A3输入"1850"后，合并A3至J3单元格，然后左对齐文本。在【开始】选项卡中单击【合并后居中】按钮，合并单元格，然后在【对齐方式】（也在【开始】"选项卡内）中选择"左对齐"将文本靠左对齐。

设置好第一个10年标签后，复制并粘贴合并后的单元格到整行，以填充其余部分。虽然这个过程是手动的，但很快就能完成。对于只有两列数据的最后一组年份（2020年和2021年），按同样的方式合并单元格，合并后，其下一行的温差数据中有2列包含数据，另外8列是空白单元格（见图9.3）。

接着设置列宽。对于这张包含172年的数据的图表，我把列宽设为8像素。有两种方法可以调整列宽。一是选中要调整的所有列，然后将鼠标悬停在任意两列之间，当出现带左右箭头的黑色十字时，单击鼠标直接将所有列的宽度拖动变窄；二是单击鼠标右键选择【列宽】，输入想要调整的宽度数值。行高的调整方法类似。我设置的是225像素。请根据自己的需要调整列宽和行高，由于显示器和操作系统不同，适合的数值也有差异。（见图9.4）。

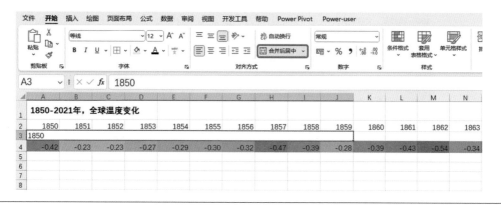

1850-2021年，全球温度变化

图9.3

1850-2021年，全球温度变化

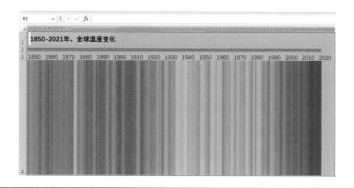

图9.4

最后，如果想进一步突出年份信息，可以给包含年份的单元格添加一个左边框（虽然由于数据量较大，我不确定是否有必要这样做）。也可以将网格线隐藏（【视图】→【显示】），为图表创建一个纯白的背景（见图9.5和9.6）

1850-2021年，全球温度变化
1850
1860
1870
1880
1890
1900
1910
1920
1930
1940
1950
1960
1970
1980
1990
2000
2010
2020

图9.5

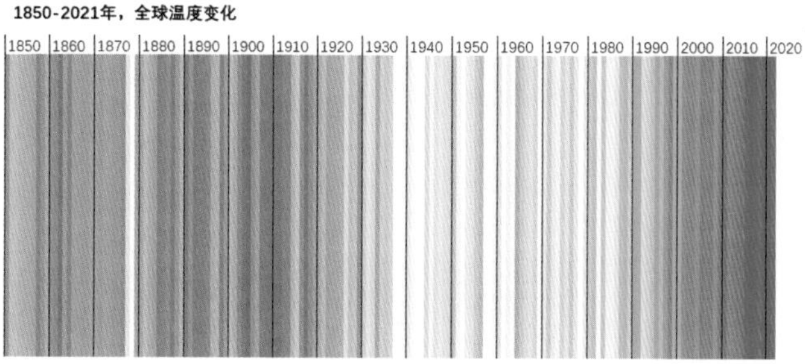

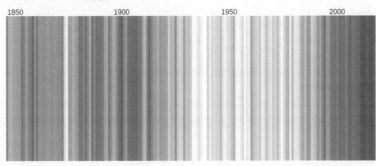

图9.6

快速操作指南

1. 选择单元格A3:FP3。

2.【开始】→【条件格式】→【色阶】→【其他规则】→【格式样式】→【三色刻度】。

3. 将最小值颜色设为深蓝色，最大值设为红色。

4. 将【中间值】更改为"数字"，在对话框中输入0，并将颜色改为白色。

5. 隐藏数字：选择单元格，单击鼠标右键→【设置单元格格式】→【数字】→【自定义】→在【类型】对话框中输入三个半角分号（;;;）。

6. 选择列A到FP并更改列宽。

7. 选择第3行并调整行高。

8. 要添加或调整年份标签，请参阅本章正文中相关介绍。

华夫图

华夫图	
难度等级: 初级	
数据类型: 部分到整体	
组合图表: 否	
公式使用: IF, &	

尽管表现部分和整体关系时，饼图是最常用的图表，但华夫图也是个不错的选择。华夫图是一个10×10的网格，每个小正方形表示1个百分点，所有正方形的总和是100%。华夫图还可以扩展为单元图，单元图是通过排列一组形状来显示加总数量或其他数据类型的图表。对于华夫图/单元图，绘制的数据应由整数组成，因为每个形状都代表一个值（本例中，我把数据四舍五入为整数）。以下是佛蒙特州在2020年总统选举中的投票结果数据。包括四类：投票给共和党的人、投票给民主党的人、投票给其他政党的人和未投票的人。

1. 首先，将数据转换为累积值。如果第一组数据的值为47%，第二组为22%，则第一个累积值为47（而不是47%），第二个累积值是69。因为我们使用的是百分比，所以最后一个累积值应该等于100（见表10.1）。

表 10.1

	A	B	C	D
1		类别	占比（%）	累积值
2	1	民主党	47	47
3	2	共和党	22	69
4	3	其他政党	3	72
5	4	未投票	28	100

接着，为华夫图设置一个10×10的"网格图"，从左下角第1格开始，到右上角第100格结束（见表10.2）。为了方便后续操作，我们对标题列和行（灰色阴影单元格）进行了编号。因为华夫图是正方形，所以将行和列设置为等长。单击列字母并按住Shift键选择多列，然后单击鼠标右键选择【列宽】手动输入列宽值。或者，单击列的右边缘，单击鼠标拖曳调整列宽。行高可以通过类似的方式调整。右上角显示"##"是因为列宽不够，无法完全显示100。

表 10.2

E	F	G	H	I	J	K	L	M	N	O	P
2		1	2	3	4	5	6	7	8	9	10
3	1	91	92	93	94	95	96	97	98	99	##
4	2	81	82	83	84	85	86	87	88	89	90
5	3	71	72	73	74	75	76	77	78	79	80
6	4	61	62	63	64	65	66	67	68	69	70
7	5	51	52	53	54	55	56	57	58	59	60
8	6	41	42	43	44	45	46	47	48	49	50
9	7	31	32	33	34	35	36	37	38	39	40
10	8	21	22	23	24	25	26	27	28	29	30
11	9	11	12	13	14	15	16	17	18	19	20
12	10	1	2	3	4	5	6	7	8	9	10

从R列开始的华夫图中，使用IF公式引用"网格图"和累积的数据。该公式看起来很复杂，但很容易理解。以下是图表右下角单元格R12中的完整公式：

=IF(G12<=\$D\$2,1,IF(G12<=\$D\$3,2,IF(G12<=\$D\$4,3,IF(G12<=\$D\$5,4,0))))

虽然这个公式看上去很长，但它只是四层IF函数的嵌套。为了更容易理解，我们把公式标上颜色：

=IF(G12<=\$D\$2,1,IF(G12<=\$D\$3,2,IF(G12<=\$D\$4,3,IF(G12<=\$D\$5,4,0))))

这个公式将网格图中的值和累积值进行比较。第一个IF语句表示，如果华夫图第一个单元格中的值（"网格图"中的1）小于或等于民主党的累积值，则在单元格中输入1。如果判断为否，则该公式引入了一个新的IF语句来比较共和党的累积值，依此类推。使用绝对引用（\$D\$2、\$D\$3、\$D\$4和\$D\$5）可以更简单地复制和粘贴公式而不会出错（见表10.3）。

为了进一步说明，我们先看华夫图中的第一个值，即左下角的单元格。在"网格图"中的值是1，它小于47，因此IF函数在单元格中的返回值为1。现在再看看华夫图最上一行左上角的单元格。这里的值是91，它大于累积值中100以外的所有值，因此公式在单元格的返回值为4。

表 10.3

	Q	R	S	T	U	V	W	X	Y	Z	AA
2		1	2	3	4	5	6	7	8	9	10
3	1	4	4	4	4	4	4	4	4	4	4
4	2	4	4	4	4	4	4	4	4	4	4
5	3	3	3	4	4	4	4	4	4	4	4
6	4	2	2	2	2	2	2	2	2	2	3
7	5	2	2	2	2	2	2	2	2	2	2
8	6	1	1	1	1	1	1	1	2	2	2
9	7	1	1	1	1	1	1	1	1	1	1
10	8	1	1	1	1	1	1	1	1	1	1
11	9	1	1	1	1	1	1	1	1	1	1
12	10	1	1	1	1	1	1	1	1	1	1

　　这样，我们就有了制作华夫图的数据集，单击【开始】→【条件格式】并为数字设置单独的颜色。这里不用像热图那样选择【色阶】，而是选择【条件格式】→【突出显示单元格规则】→【等于】。在弹出的窗口的对话框中输入"1"。我们可以直接使用默认样式，或者选择下拉菜单底部的【自定义格式】来调整单元格的填充色、字体颜色、边框等。设置完成后，单击【确定】，然后在主菜单中再次单击【确定】。接着，对华夫图中的每个数字（2、3和4）重复该过程（见图10.1）。

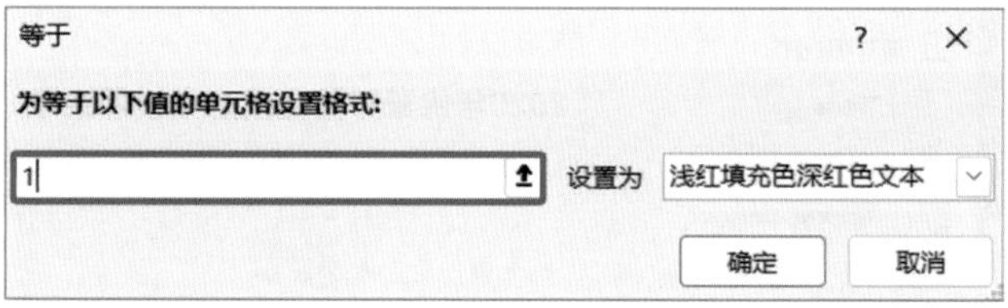

图10.1

　　与热图一样，我喜用【开始】选项卡中的【边框】功能为单元格添加灰白色边框线。选择整个表格，然后在【开始】选项卡下的【字体】区域中找到边框图标，单击旁边的倒三角打开下拉菜单。在下拉菜单的底部，可以选择更改边框的颜色。设置完成后，会自动退出菜单，接着可以用【绘制边框】功能手动添加边框。我个人不喜欢手动操作，因此会返回【边框】菜单，选择需要的选项（例如，"下框线""上框线"等）（见图10.2）。最后，为了隐藏数字，可以在自定义数字格式菜单中的【类型】对话框输入三个半角分号";;;"（可通过单击鼠标右键【设置单元格格式】或快捷键Ctrl+1/CMD+1打开此对话框）。

关于如何添加文本标签，Excel提供了几种方式。可以直接输入，也可以用一个简单的连接公式来实现。比如，"未投票 28%"的公式为=B5&" "&C5&"%"，它取单元格B5中的值（"未投票"），在其后面加一个空格（" "），再显示C5的值（"28"），最后加一个百分号（"%"）。我们也可以将标签放在华夫图的右侧，或者通过合并单元格并更改【开始】选项卡中的【对齐方式】使其上下居中并靠左对齐（见图10.3）。

不管标签在哪边，取消工作表的网格线，就可以得到一张华夫图。它是一个不错的饼图替代方案（见图10.4和10.5）。

图10.2

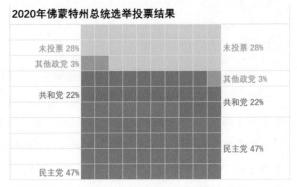

图10.3

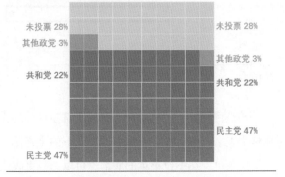

图10.4

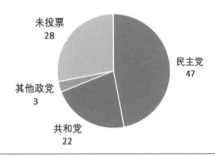

图10.5

　　这种方法可以扩展到设置多个华夫图或设置一个单元图。我曾经创建了一张美国的瓷砖网格地图，其中每个州都用一张华夫图显示其人口的年龄分布情况。虽然实现这张图表花了不少工夫，不过总的来说，它与本案例描述的制图过程并没有什么不同（见图10.6）。

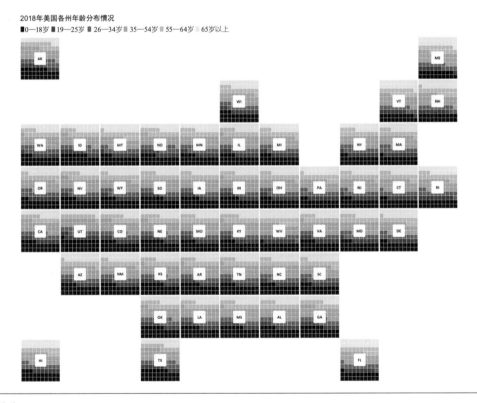

图10.6

快速操作指南

1. 整理数据并编写公式。

2. 选择单元格区域R3:AA12。

3.【开始】→【条件格式】→【突出显示单元格规则】→【等于】。

4. 在弹出的对话框中输入1，然后在下拉菜单中设置填充颜色：【设置单元格格式】→【填充】。

5. 重复上述步骤，为每个数字（1、2、3和4）设置填充颜色。

6. 隐藏数字：选择单元格区域，单击鼠标右键→【设置单元格格式】→【数字】→【自定义】→在【类型】对话框中输入三个半角分号（;;;）。

7. 添加边框：【开始】→【边框】（在【字体】选项区）→【所有框线】。

甘特图

甘特图
难度等级: 初级
数据类型: 时间
组合图表: 否
公式使用: IF, AND, &

甘特图由水平线或条形图组成，通常用于进行日程跟踪，图形的长短表示不同值或持续时间。在Excel中创建甘特图有两种常见的方法。一种是利用【条件格式】功能，另一种是使用标准的数据图表。

本例是关于美国冰球联盟（NHL）职业生涯得分最高的前10名选手的数据。截至2021~2022赛季末，华盛顿首都队的Alex Ovechkin攻入780球，有望打破Wayne Gretzky保持的历史纪录。这些甘特图显示了每个球员职业生涯的时间跨度。

利用条件格式制作甘特图

首先，我们利用【条件格式】功能直接在电子表格中制作甘特图。这种方法允许我们将图表嵌入表中，并通过一些调整使其呈现为条形图。

1. 为了创建这个图表，我们在单元格区域中输入一系列的1和0，以表示选手哪一年参加了比赛，哪一年没有参加。整张图的时间跨度从1945年到2021年，因此Gordie Howe在1947年加入联盟之前，有几列显示为0。我们可以手动输入数字，不过使用公式会更高效、更准确，也方便反复利用（见图11.1）。

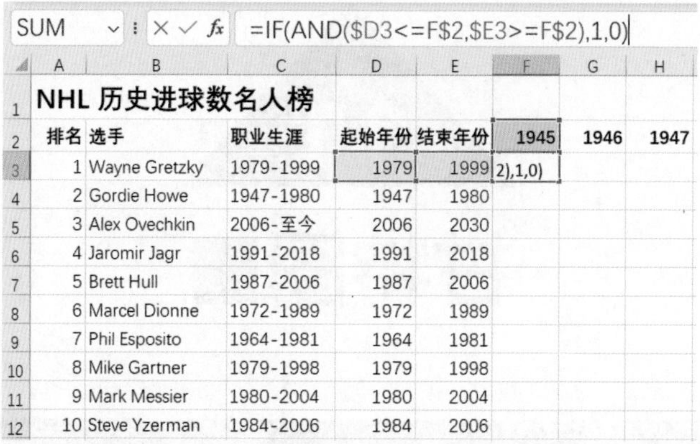

SUM =IF(AND($D3<=F$2,$E3>=F$2),1,0)

	A	B	C	D	E	F	G	H
1	NHL 历史进球数名人榜							
2	排名	选手	职业生涯	起始年份	结束年份	1945	1946	1947
3	1	Wayne Gretzky	1979-1999	1979	1999	2),1,0)		
4	2	Gordie Howe	1947-1980	1947	1980			
5	3	Alex Ovechkin	2006-至今	2006	2030			
6	4	Jaromir Jagr	1991-2018	1991	2018			
7	5	Brett Hull	1987-2006	1987	2006			
8	6	Marcel Dionne	1972-1989	1972	1989			
9	7	Phil Esposito	1964-1981	1964	1981			
10	8	Mike Gartner	1979-1998	1979	1998			
11	9	Mark Messier	1980-2004	1980	2004			
12	10	Steve Yzerman	1984-2006	1984	2006			

图11.1

在单元格F3，输入如下公式：

```
=IF(AND($D3<=F$2,$E3>=F$2),1,0)
```

按回车，然后将公式复制到F3:CD12。

该公式是一个简单的IF函数，包含三个参数：

a. 第一个参数是利用AND函数设置判断条件，以方便我们同时设置两个条件。这两个条件是，起始年份（$D3）小于或等于当前年份（F$2），且结束年份（$E3）大于或等于当前年份（F$2）。请注意，我们在公式中使用了绝对引用，以确保公式在复制到其他区域时，仍然是正确的。

b. 如果判断为真，单元格返回值为1。

c. 如果判断为假，单元格返回值为0。

我们以两个单元格为例进行说明：

i. 1947年，Wayne Gretzky（第3行）还没有开始打球。他进入联盟打球的起始年份是1979年，大于1947年。因此，单元格H3中判断为假，在单元格中的返回值为0。

ii. 1947年，Gordie Howe（第4行）开始了他的职业生涯，因此他的起始年份（1947年）等于1947年，结束年份（1980年）大于1947年。两个条件都满足，因此在单元格H4中的返回值为1。

2. 全选包含1和0的单元格区域，通过【开始】→【条件格式】→【突出显示单元格规则】→【等于】为单元格添加颜色，操作方式和华夫图一样。使用【自定义格式】调整单元格样式，完成调整后单击【确定】按钮（见图11.2）。

图11.2

3. 最终的图中，列宽会更窄。我们采用第9章中制作条纹图的策略，在顶部添加一些年份标签。每10年添加一个。首先插入新行，然后将标题行复制到此行。接着，从1945年开始，在这一行中每10年合并一次单元格，并左对齐。注意，不能删除原始标题行，因为表中的公式需要引用该行，可以在行标处单击鼠标右键，在弹出的菜单中选择【隐藏】，将该行隐藏（见图11.3）。

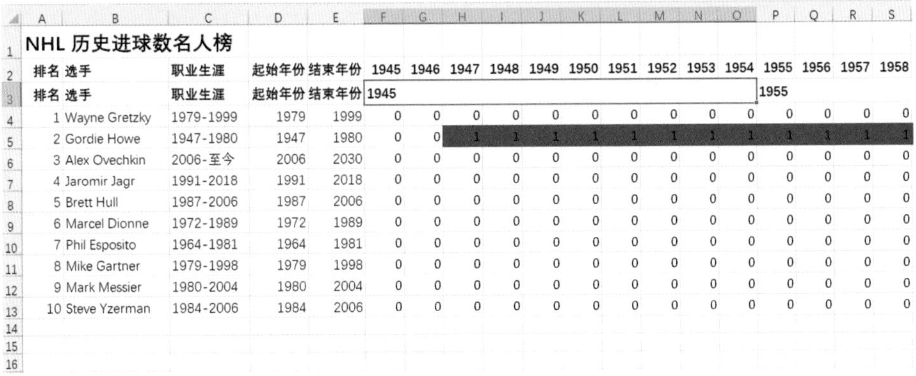

图11.3

4. 将数字格式更改为三个半角分号（;;;）来隐藏表中的数字，参考之前制作热图的操作步骤（选择单元格→单击鼠标右键→【设置单元格格式】→【自定义】→【类型】）。将列宽改为0.5像素（或根据你自己的电脑调整）。记住是选择整列，而不是单元格。（见图11.4）

5. 还可以进一步调整格式：

a. 进入【视图】选项卡，取消【网格线】前的勾选，将网格线隐藏。

　　b. 利用【边框】功能在标题行下方添加边框。如果你想在标题行和下方第一行（也就是 Wayne Gretzky这行）之间增加一些空间，你可以插入一行，并将行高改为7像素。

　　c. 在每行的底部添加白色边框为行与行之间留出一些空隙，可以让图表看起来更加舒适，以免显得太紧凑。这需要手动添加，单独选中每一行，添加下框线或上框线（译者注：也可以直接选中图表区域，在【边框】下拉菜单中选择【其他边框】，在弹出的对话框中设置边框的颜色和添加位置即可。）（见图11.5）。

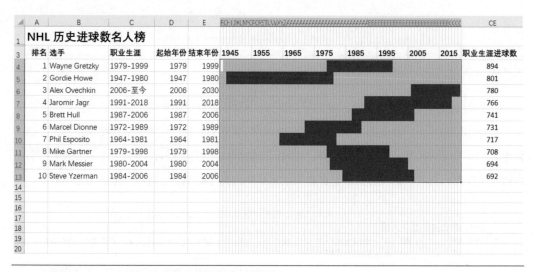

图11.4

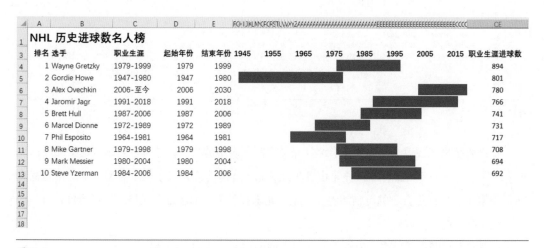

图11.5

d. 还可以隐藏"起始年份"和"结束年份"，或将它们剪切（Ctrl+X快捷键）并粘贴（Ctrl+V快捷键）到表格之外的某个位置。但千万不要删除它们，因为有些公式要引用到这些单元格。

e. 最后，如果想更精确地标记年份标签，可以在每列的左侧添加边框（见图11.6）。

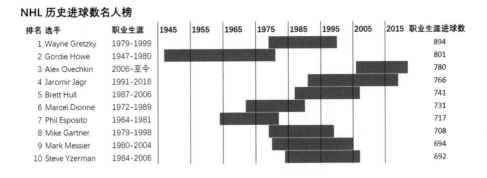

图11.6

6. 在表格中制图，可以通过调整行高来引入另一个变量（见图11.7）。比如，用行高来对应职业生涯进球总数。以Gretzky为基准，设置行高为35像素，其他行以此为基准进行换算（计算出Gretzky 的基准值，894/35=25.5。将其他人的总进球数除以这个基准值，得出对应的行高。比如Gordie Howe的行高为801/25.5=31，Steve Yzerman的行高为692/25.5=27）。也可以使用VBA进行自动计算，但这超出了本书的范围。

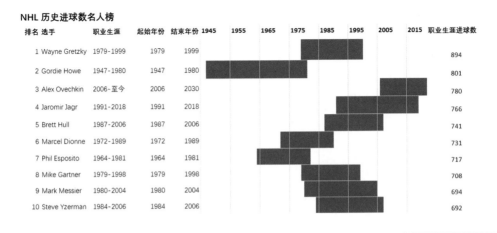

图11.7

利用堆积条形图制作甘特图

我们还可以用标准的Excel图表，创建一个"填充"数据列来制作甘特图，根据需要进行一些调整，让图表样式井然有序。

1. 首先，为单元格区域A1:C11创建一个堆积条形图。（第二个数据列"年限"，由每个球员在联盟最后一年的年份与起始年的年份相减得出。）选中单元格区域，在【插入】选项卡的【图表】区插入堆积条形图（见图11.8）。

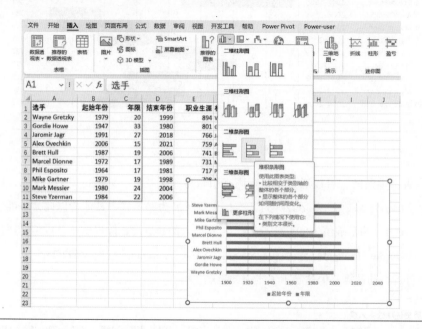

图11.8

2. 图表生成后，我们发现本来位于表格底部的字段（Steve Yzerman）现在位于图表的顶部，而本来在顶部的字段（Wayne Gretzky）位于图表的底部。为了使图表中的数据与表格中的数据相匹配，需要进行一些调整。选择Y轴，单击鼠标右键，选择【设置坐标轴格式】（或使用快捷键Ctrl+1），然后在弹出的菜单中进行两个调整：

a. 在【坐标轴选项】中，勾选【逆序类别】，这时条形图的排列顺序会颠倒过来。

b. 将【横坐标轴交叉】改为【最大分类】，这时X轴的轴标签会回到图表的底部（见图11.9）。

3. 再稍微调整一下格式就大功告成了：

a. 把"起始年份"的填充设为无填充，并将其隐藏：单击鼠标右键→【设置数据系列格式】→【填充】→【无填充】。

b. 将X轴坐标改为1940年至2021年：选中该坐标轴，单击鼠标右键，在【设置坐标轴格式】菜单中将【边界】下的【最小值】和【最大值】分别设置为1940和2021。

c. 让条形图更宽一些：选中条形图，单击鼠标右键→【设置数据系列格式】→【间隙宽度】→把数值设为100%（见图11.10）。

4. 我们还可以在图上标记每个球员职业生涯的起止年份，以及进球总数。

首先，将第一个数据列重新填充为蓝色。选择"起始年份"列的条形图，单击鼠标右键，然后在【填充】处选择蓝色——用什么蓝色无所谓，因为之后就要将其设置为"无填充"。

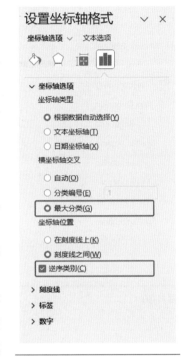

图11.9

其次，添加"结束年份"的数据列。我们可以选中图表，这时表格中被引用的数据会以高亮显示，将蓝色高亮区域边框向右拖曳，就可以添加该数据列。或者选中图表单击鼠标右键，进入【选择数据】对话框，然后手动插入新数据（单击鼠标右键→【选择数据】→【添加】）。因为X轴的坐标已经改为1940到2021，所以最后一个数据列看起来有些奇怪，它超出了图表的边界。不过没关系，因为我们只是需要使用它的数据标签。（见图11.11）。

5. 选择蓝色条形图，单击鼠标右键，然后在弹出的菜单中单击【添加数据标签】。对于灰色条形图，执行同样的操作。此时我们可以在蓝色条形图中看到标签，而灰色条形图中看不到。这是因为默认情况下，Excel会将标签放在条形图的中间，而灰色条形图的中间在绘图区的外面（见图11.12）。

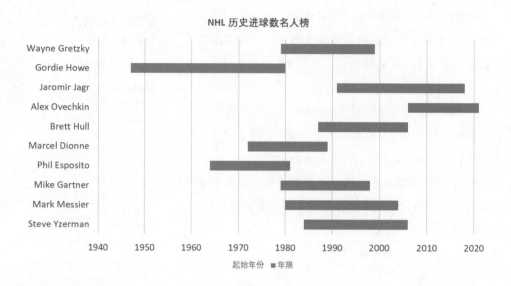

图11.10

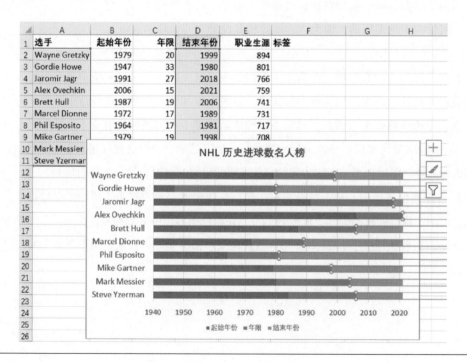

图11.11

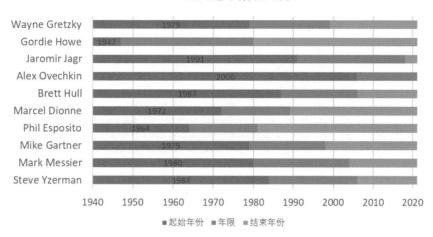

图11.12

6. 选中蓝色条形图中的标签，单击鼠标右键，选择【设置数据标签格式】→【标签位置】
→【数据标签内】。这时，数据标签会移到条形图的右端（见图11.13）。

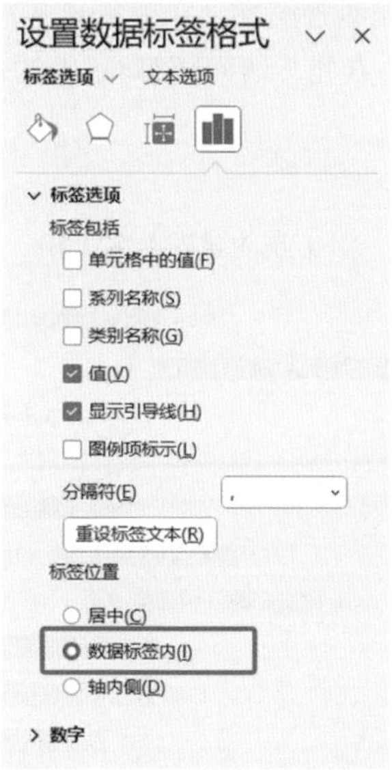

图11.13

7. 为灰色条形图的标签执行同样的操作。即使看不到数据标签也没关系，依然可以选中灰色条形图单击鼠标右键，然后单击【设置数据标签格式】→【标签位置】→【轴内侧】，将标签放置在条形图的左端（见图11.14）。

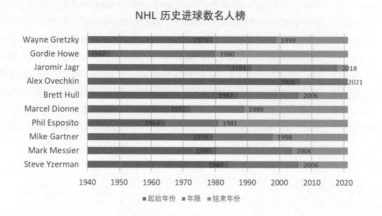

图11.14

8. 再调整一下格式。将蓝色和灰色条形图设为 "无填充"。如果2021年的标签（Alex Ovechkin）与条形图重叠，将鼠标光标悬停在【绘图区】的右边缘，出现空心双箭头时按住鼠标左键将绘图区稍微向左拖曳一点儿（请回顾第4章中的 "图表构成和属性" 部分）（见图11.15）。

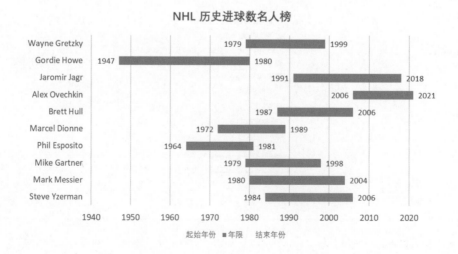

图11.15

9. 最后，可以将每个球员的进球总数用括号标注在Y轴的名字旁边。我们需要创建一个新的标签列，并在图表中引用它们。虽然可以手动输入，但你可能已经发现了，使用公式更容易更新，且更能提高图表的重复利用率。在对应Wayne Gretzky的单元格F2中，输入以下公式：

=A2&" ("&E2&")"

这个公式提取单元格A2中的值（球员的姓名），然后是一个带空格的左括号（" ("），括号中是E列的值，最后是一个右括号（")"）。将该公式向下复制，形成一列新的标签。

现在需要在图表中引用新标签。选中图表，单击鼠标右键，接着单击【选择数据】→【水平（分类）轴标签】→【编辑】，然后将【轴标签区域】里的内容替换为对新单元格区域的引用（=F2:F11）。单击【确定】按钮后，再次单击新的【确定】按钮以退出菜单。如果Y轴的新标签位置不太合适，可以用鼠标选中【绘图区】左边缘，向右拖曳一点儿进行微调（见图11.16）。

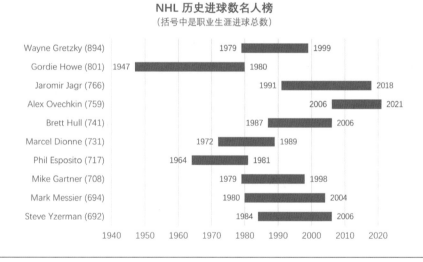

图11.16

快速操作指南

方法一：利用条件格式制作甘特图

1. 整理数据并编写公式。

2. 选择单元格区域F3:CD12。

3.【开始】→【条件格式】→【突出显示单元格规则】→【等于】。

4. 在对话框中输入1。

5. 设置单元格的格式（例如填充颜色）：【自定义格式】→【填充】。

6. 隐藏数字：选中需调整的单元格，单击鼠标右键→【设置单元格格式】→【数字】→【自定义】→在【类型】对话框中输入三个半角分号（;;;）。

7. 选择F至CD列，调整列宽。

8. 调整行高以对应职业生涯进球数（参见CG17:CH27）。

9. 要添加或调整年份标签，请参阅本章正文中的相关介绍。

方法二：利用堆积条形图制作甘特图

1. 整理数据并编写公式。

2. 选择数据区域A1:D11并插入【堆积条形图】。

3. 调整Y轴：

- 选中Y轴，单击鼠标右键→【设置坐标轴格式】→【坐标轴选项】→【逆序类别】。
- 选中Y轴，单击鼠标右键→【设置坐标轴格式】→【坐标轴选项】→【横坐标轴交叉】→【最大分类】。

4. 添加标签：

- 选中"起始年份"数据列，单击鼠标右键→【添加数据标签】。
- 选中"结束年份"数据列，单击鼠标右键→【添加数据标签】。

5. 调整标签：

- 选中"起始年份"的数据标签，单击鼠标右键→【设置数据标签格式】→【标签位置】→【数据标签内】。
- 选中"结束年份"的数据标签，单击鼠标右键→【设置数据标签格式】→【标签位置】→【轴内侧】。

6. 编辑X轴的范围：选中X轴，单击鼠标右键→【设置坐标轴格式】→【边界】→【最小值】为1940，【最大值】为2021。

7. 取消起始和结束年份条形图的填充颜色：选中起始和结束年份的条形图，单击鼠标右键→【设置数据系列格式】→【填充】→【无填充】。

8. 删除图例，向左拖动【绘图区】的右边缘，调整【绘图区】的宽度，使标签能完全显示。

第12章

用两种图表对比数据

用两种图表对比数据
难度等级: 中级
数据类型: 类别
组合图表: 是
公式使用: 无

如果想让读者多次比较两种不同数据或指标，可以考虑使用结合两种图表类型的组合图。在本节的案例中，我们将比较美国官方贫困率与由美国人口统计局创建的一个实验性指标，称为附加贫困率。

有两种方式创建图形：第一种是垂直布局，这种方式非常容易操作；第二种是水平布局，这需要一些技巧。

垂直布局

1. 用单元格区域A1:C11的贫困率数据创建簇状柱形图（见图12.1）。

2. 选择附加贫困率数据列（见图中橙色柱形），然后单击【图表设计】→【更改图表类型】→【组合图】，将图表类型改为【带数据标记的折线图】。（在macOS操作系统中，选中数据列后，单击【更改图表类型】，直接选择【带数据标记的折线图】即可。）这样，柱形图的顶部就有了一条带数据标记的折线图。（见图12.2）

3. 接着，去掉折线图上的线条并保留数据标记。选中折线图，单击鼠标右键（或按Ctrl+1快捷键），然后选择【设置数据系列格式】→【线条】→【无线条】。你还可以在【标记】选项卡中调整数据标记的大小，使其更突出。在图12.3中，我将它们的大小设置为10。

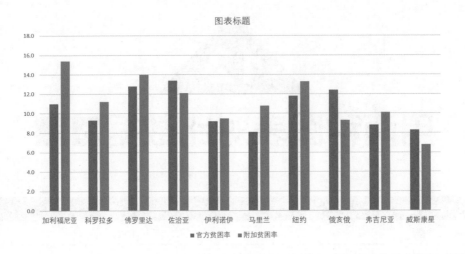

图12.1

图12.2

4. 对于说明性的标签，可以使用图例或在图表上添加数据标签。在这张图中，我认为使用图例就够了（见图12.4）。根据图形的大小，可能需要调整X轴标签，使其横向排列，这样更容易阅读。如果文本太长，可以尝试接下来讲到的水平布局。

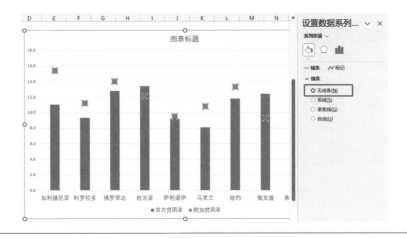

图12.3

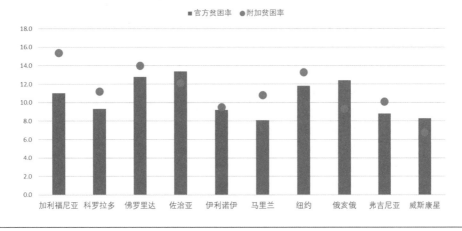

图12.4

水平布局

1. 水平布局的条形图无法使用上面的方式创建，需要结合条形图和散点图创建图表进行对比。在制图之前，需要做一些额外的数据准备。散点图有两个维度。我们把附加贫困率作为X值，同时需要创建一个新的数据列（D列中的"高度"）作为Y值。该数据列的范围从D11的0.5到D2的9.5，相邻单元格相差1（见表12.1）。

表 12.1

	A	B	C	D
1		官方贫困率	附加贫困率	高度
2	佐治亚	13.4	12.1	9.5
3	佛罗里达	12.8	14.0	8.5
4	俄亥俄	12.4	9.3	7.5
5	纽约	11.8	13.3	6.5
6	加利福尼亚	11.0	15.4	5.5
7	科罗拉多	9.3	11.2	4.5
8	伊利诺伊	9.2	9.5	3.5
9	弗吉尼亚	8.8	10.1	2.5
10	威斯康星	8.3	6.8	1.5
11	马里兰	8.1	10.8	0.5

2. 在设置好数据后，用与之前相同的方法创建图表，只是这次是创建一个包含单元格区域A1:C11的簇状条形图（见图12.5）。

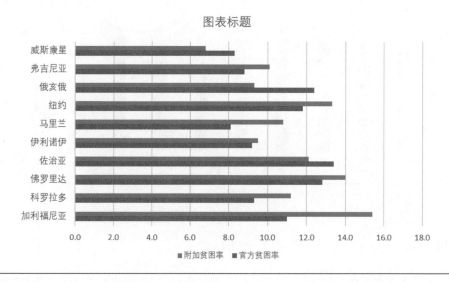

图12.5

3. 目前图表中数据的顺序与表格中不同。（译者注：作者指的是在线资源中的操作文档，而不是书中的表格，书中表格是按"官方贫困率"的大小排序。）我们希望两者保持一致，尤其是在这张图表中，顺序很重要。选择Y轴并单击鼠标右键（或按Ctrl+1快捷键）→【设置坐

标轴格式】→【坐标轴选项】→【最大分类】，以及【设置坐标轴格式】→【坐标轴选项】→
勾选【逆序类别】（见图12.6）。

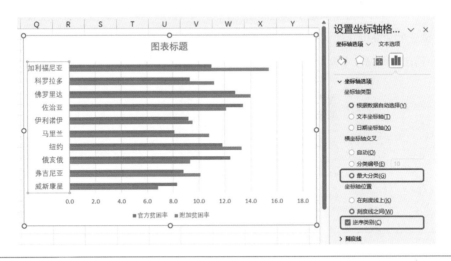

图12.6

4. 现在，把附加贫困率数据列（橙色）改为用散点图表示。选中该数据列，单击【更改图
表类型】→【组合图】，选择散点图。（请确保官方贫困率数据列仍用簇状条形图表示。）单
击【确定】按钮。生成的图表看起来会非常奇怪，因为各州的名称（单元格区域A2:A11）位
于附加贫困率系列的【X轴系列值】框中，而附加贫困率的值（单元格区域C2:C11）位于【Y
轴系列值】的框中（见图12.7）。

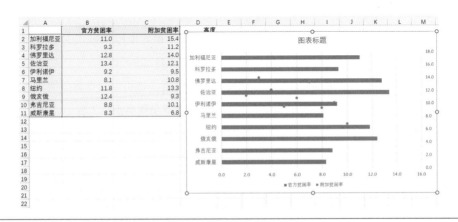

图12.7

5. 接着，同时调整X轴和Y轴系列值：选中图表，单击鼠标右键打开【选择数据】功能，选择附加贫困率数据列，单击【编辑】。在X轴系列值方框中引用C2:C11，在Y轴系列值方框中引用D2:D11，然后单击【确定】按钮（见图12.8）。确保右侧Y轴的坐标值范围设为0到10，这样之前设置的"高度"数据列就能够正确对齐散点和条形图的中心。（如果Y轴范围没有自动更改为0到10，可以在【设置坐标轴格式】中手动调整。）

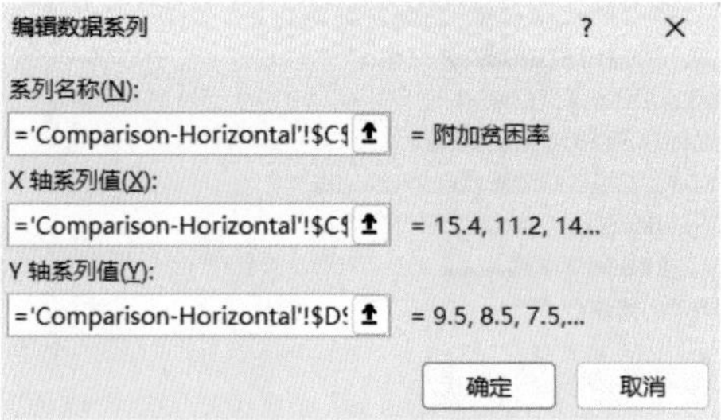

图12.8

请注意，调整条形图的顺序非常重要。如果保持原始图表的顺序，威斯康星州将位于顶部，加利福尼亚州将位于底部，这会导致两个贫困率错位，无法正确对比同一个州的数据。

6. 接下来进行一些格式上的调整：

a. 放大散点图的点：选中散点图的点→【设置数据系列格式】→【标记】→【标记选项】→【内置】，将大小设为10。

b. 加宽条形图：选中条形图→【设置数据系列格式】→【间隙宽度】设为100%。

c. 删除右侧（次要）Y轴。

d. 将X轴上的数字格式改为整数：单击鼠标右键→【设置坐标轴格式】→【数字】，在【类别】中选择"数字"，然后将【小数位数】设为0（见图12.9）。

7. 对于标签的处理有多种选择，除了保留标签在原位置，还可以选择将图例移动到图表顶部，或直接整合到条形图和散点图中。接下来，我们用以下步骤实现第二种方法：

a. 选中整个条形图，再单击顶部的条形（对应数据为加利福尼亚的数据），对其进行单选。单击鼠标右键并选择【添加数据标签】。在标签上单击鼠标右键，然后在【设置数据标签格式】中，勾选【系列名称】而不是【值】。再将【标签位置】改为【居中】，这样标签会按垂直基线放置。（若Excel在每个条形图中都添加数据标签，则需手动删除不需要的标签。）

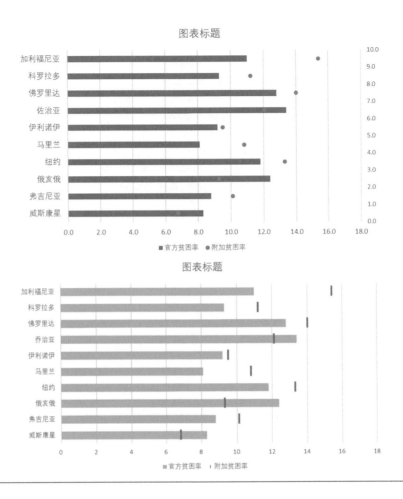

图12.9

b. 散点图也类似。选择散点图对应的数据列并单击顶部的点，单击鼠标右键，然后按照相似步骤添加数据标签。同样，如果Excel为每个点都添加数据标签，需手动删除不需要的标签（见图12.10）。

（译者注：此处直接选择【数据标签】单击鼠标右键的操作方式的确可能会在每个条形或点上都添加标签。如果想单独添加，可以在弹出的【设置数据标签格式】中选择【单元格中的值】引用该系列的名称所在单元格，随后勾选【值】再取消选择即可。）

还可以通过添加一个新的散点图来制作标签。在该数据列中，X有两个不同的值（1和13.4），Y有两个相等的值（9.5和9.5）。

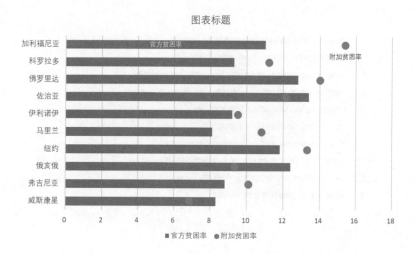

图12.10

　　最后，对于这张图来说，最好根据数值对不同州的顺序进行重新排序。排序后，添加的散点图Y轴"高度"里的数值顺序可能会发生变化，需要重新调整一下，以确保Y值与条形图对齐。就我个人而言，我更倾向于根据条形图（即官方贫困率数据列）而不是散点图的数据大小进行排序，因为这样在视觉上会更突出。排序后，如果把点的标签也放在佐治亚州的位置（即条形标签放置的位置）可能会造成误解，所以我把点的标签放在了佛罗里达州的旁边（我认为这样可以避免引起读者的困惑）（见图12.11）。

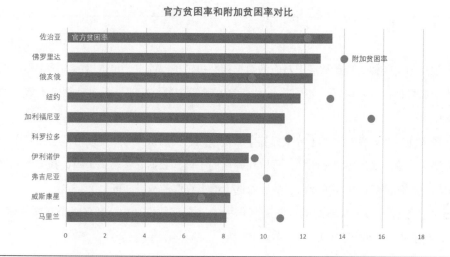

图12.11

快速操作指南

垂直布局

1. 选择单元格区域A1:C11，然后插入【簇状条形图】。

2. 将"附加贫困率"数据列改为用带数据标记的折线图表示：

a. 在Windows操作系统中：选择"附加贫困率"数据列→【图表设计】→【更改图表类型】→【组合图】→"附加贫困率"→【带数据标记的折线图】。

b. 在macOS操作系统中：选择"附加贫困率"数据列→【图表设计】→【更改图表类型】→【带数据标记的折线图】。

3. 设置"补充贫困率"数据列的图形格式：

a. 选中"补充贫困率"数据列，单击鼠标右键→【设置数据系列格式】→【线条】→【无线条】。

b. 选中"补充贫困率"数据列，单击鼠标右键→【设置数据系列格式】→【标记】→按需进行格式调整。

水平布局

1. 整理数据并编写公式。

2. 选择单元格区域A1:C11并插入【簇状条形图】。

3. 设置Y轴的格式：

a. 选中Y轴，单击鼠标右键→【设置坐标轴格式】→【坐标轴选项】→【逆序类别】。

b. 选中Y轴，单击鼠标右键→【设置坐标轴格式】→【坐标轴选项】→【横坐标轴交叉】→【最大分类】。

4. 将"附加贫困率"数据列改为用散点图表示：

a. 在Windows操作系统中：选择"附加贫困率"数据列→【图表设计】→【更改图表类型】→【组合图】→"附加贫困率"→【散点图】。

b. 在macOS操作系统中：选择"附加贫困率"数据列→【图表设计】→【更改图表类型】→【散点图】。

5. 为"附加贫困率"数据列引用正确的单元格：单击鼠标右键→【选择数据】→"附加贫困率"→【编辑】→【X轴系列值】：单元格区域C2:C11，【Y轴系列值】：单元格区域D2:D11。

6. 删除次要的纵坐标轴。

分组条形图 ■■

分组条形图		
难度等级: 中级		
数据类型: 类别		
组合图表: 否		
公式使用: MAX		

　　堆积条形图或柱形图可以用来显示多个数据列间的数量差异。但条形的起点如果没有落在Y轴上，比较起来会很困难。如图13.1所示的标准堆积条形图，我们很难比较灰色系列的相对大小，因为该条形图的两边都没有对齐坐标轴。本案例将教大家如何拆分堆积条形图，使每个数据列左对齐自己的Y轴。

　　本质上，分组条形图就是一系列对齐的条形图。在Excel中创建多个图表并对齐的操作有些难，因此最好在一个图表中完成所有操作。本例使用2021年盖洛普民意调查结果，调查对象对以下说法进行反馈：是否同意"计算机科学领域存在偶像"的观点。数据包括四个地区（大城市、郊区、小城镇和农村地区）以及四个意见反馈（非常同意、略微同意、略微不同意和非常不同意）。

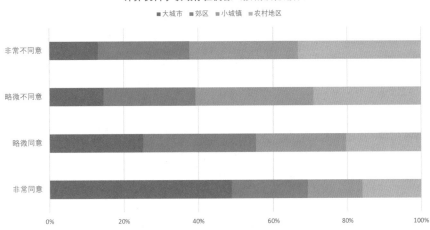

图13.1

1. 原始数据是一张4×4的表格（单元格区域A1:E5），为了制作分组条形图，我在第8~12行创建了一个新的数据表，在每列之间插入一个"填充"数据列。这些数据列中每个单元格内数据的值等于50减去相邻单元格的值。我使用了绝对引用（$A7）的公式，来创建这些数据列。例如，"填充1"数据列中的第一个单元格（C9）值为=$A7-B9。之所以选用50这个数字，是为了方便后续设置坐标轴，你也可以用比最大值（46）大的其他数值。可以用MAX公式（=MAX（B2:E5））（见表13.1）查找最大值。

表 13.1

	A	B	C	D	E	F	G	H	I	J
1		非常同意	略微同意	略微不同意	非常不同意					
2	大城市	46	26	13	15					
3	郊区	19	31	22	28					
4	小城镇	14	25	28	33					
5	农村地区	15	21	26	38					
6										
7	50									
8		非常同意	填充1	略微同意	填充2	略微不同意	填充3	非常不同意	填充4	总计
9	大城市	46	4	26	24	13	37	15	35	200
10	郊区	19	31	31	19	22	28	28	22	200

续表

	A	B	C	D	E	F	G	H	I	J
11	小城镇	14	36	25	25	28	22	33	17	200
12	农村地区	15	35	21	29	26	24	38	12	200
13										
14	散点图	X	Y							
15	非常同意	0	4.0							
16	略微同意	50	4.0							
17	略微不同意	100	4.0							
18	非常不同意	150	4.0							

2. 用单元格区域A8:I12中的数据创建【堆积条形图】，该图表位于【插入】→【图表】选项区中，选择二维条形图里的第二个图标。请注意，不需要包含"总计"数据列J列的数据，它只是用来提醒我们，我们已经将总和为100%的百分比数据，转换为一组包含"填充"数据列的新数据（见图13.2）。

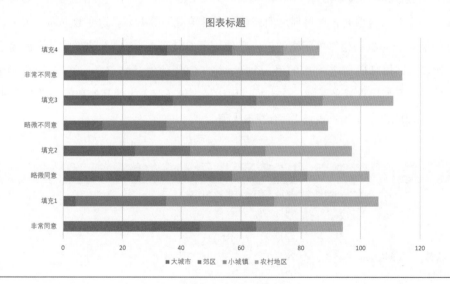

图13.2

3. 目前的图表是按列而不是按行分组的，需要切换行和列。选择图表后，单击【图表设计】→【切换行/列】。现在的图表将按行分组（见图13.3）。

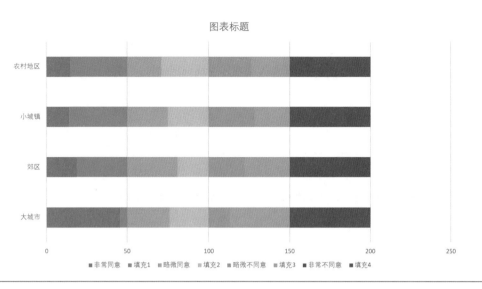

图13.3

4. 在甘特图方法二的案例中我们提到，当条形图的顺序和表格中数据的顺序不匹配时，需要调整Y轴的排序。选中该坐标轴单击鼠标右键（或按Ctrl+1快捷键），并进行两项调整：【设置坐标轴格式】→【坐标轴选项】→【最大分类】，以及【设置坐标轴格式】→【坐标轴选项】→【逆序类别】（见图13.4）。

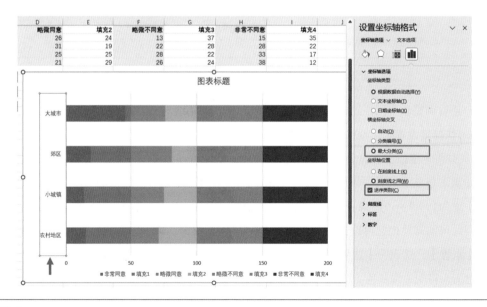

图13.4

5. 将"填充"数据列隐藏。在【格式】选项卡中,将【形状填充】改为【无填充】。Excel会默认保存这个设置,因此再次进入这个选项卡时,仍然会显示【无填充】。这样在需要隐藏后面几个系列时,只需直接单击【形状填充】的油漆罐图标即可(见图13.5)。

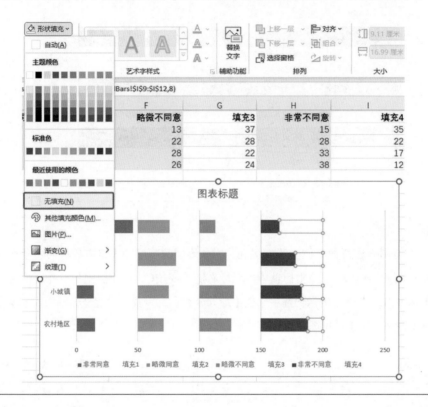

图13.5

6. 接着调整垂直网格线的间距,使数据条和垂直网格线对齐。选择X轴,单击鼠标右键或按Ctrl+1快捷键设置坐标轴格式。将坐标轴【边界】菜单下的【最小值】设为0,【最大值】设为200。并将【单位】下的【大】设为50,以匹配条形图间距的值(见图13.6)。

如果不想显示最后一条网格线,可以微调一下横坐标,将X轴的【最小值】设为0,【最大值】设为199.9。(注意:为使生成的坐标轴刻度等长,Excel可能会将最小值改为0以外的值,因此可能需要把它再改回0。)在Windows操作系统中,输入框右侧的灰框将从【自动】变为【重置】,这表明【边界】是手动设置的。在macOS操作系统中,手动设置【边界】后,浅灰色箭头将变为深灰色。

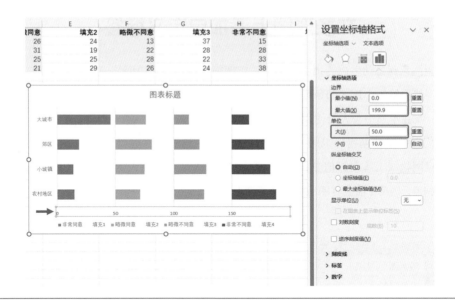

图13.6

制作这类图表的关键是确保每个数据列对应条形图的刻度是等宽的。否则，若某个条形图比其他条形图宽，它显示的数据看上去会比实际值要大。

7. 我们还可以逐个选中4个"填充"数据列的图例，将它们删除。X轴上的标签意义不大，也可以删除。最后，如果希望条形图更宽一些，可以在【设置数据系列格式】→【间隙宽度】中进行调整（见图13.7）。

计算机科学领域存在偶像（按城镇化划分）

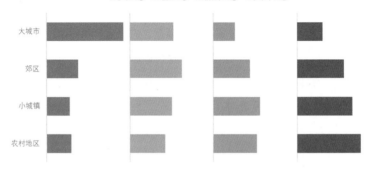

图13.7

在条形图上添加自定义标签

你可能注意到自动生成的顶部图例不一定能很好地让图文协调统一。在本案例中，我们会去掉图例，然后给每个顶部的条形图添加数据标签。有几种方法可以实现这一点，但我更喜欢用散点图。我在本书中会大量使用这种"组合图"技术。

1. 我们需要单独创建一组用于散点图的数据表，这意味着需要有X和Y两个维度。其中X值位于垂直网格线上（坐标值分别为0、50、100、150），Y值设置在条形图的上方即可。我将Y值设为4.0，因为Y轴上有四组数据（见表13.2）。

表 13.2

	A	B	C
14	散点图	X	Y
15	非常同意	0	4.0
16	略微同意	50	4.0
17	略微不同意	100	4.0
18	非常不同意	150	4.0

2. 接着，把这些数据添加到现有的分组条形图中，并将其改为用散点图表示，散点图会落在右侧的次要纵坐标轴上。选中图表，单击鼠标右键➔【选择数据】➔【添加】。选择A14（散点图）作为【系列名称】，引用单元格区域C15:C18作为【系列值】，然后单击两次【确定】按钮（见图13.8）。

图13.8

3. 注意，新添加的数据列没有出现在图上！实际上，它已经存在于图表中，只是由于横坐标的范围固定为0到200之间，而新添加的数据列堆叠在最后一个系列的边缘（超过了最大横坐标的值）而无法被看到。我们可以用其他方式选中新添加的数据列：选中图表➔单击【格式】选项卡，在【当前所选内容】（位于选项卡的最左侧）下拉菜单中选择新添加的数据列。接着，单击【图表设计】➔【更改图表类型】➔【组合图】，把它改成散点图（见图13.9），然后就可以对新添加的数据列进行修改了。

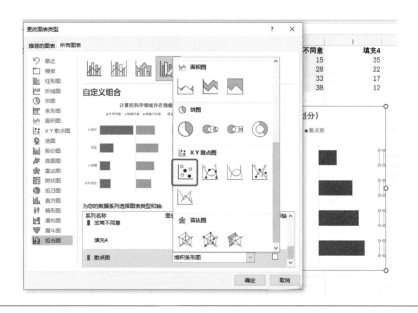

图13.9

4. 现在新数据列已转换为用散点图表示，接下来为其分配X轴系列值。在散点图上单击鼠标右键→【选择数据】→【散点图】→【编辑】，在【X轴系列值】中引用单元格区域B15:B18。单击【确定】按钮（见图13.10）。现在散点图的数据点在图表中分别位于对应的每组条形图的上方，并靠左对齐。

5. 在散点图上添加数据标签。首先，选择散点图，单击鼠标右键，然后选择【添加数据标签】。接下来选择数据标签，单击鼠标右键，选择【设置数据标签格式】→【单元格中的值】，引用单元格区域A15:A18作为标签，然后按【确定】。需要取消【Y值】的勾选，因为我们不希望它们出现在标签中（见图13.11）。

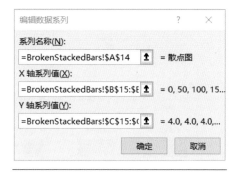

图13.10

6. 调整标签到恰当的位置。选中次纵坐标轴，单击鼠标右键→【设置坐标轴格式】，把【最小值】设为0，【最大值】设为4。数值是多少并不重要，但必须有一个范围，用于定位标签的位置。当Y值为4.0时，标签将位于最顶部，我们也可以通过将散点图数据列的值（单元格区域C15:C18）改为3.8或3.9，让标签往下移一些（见图13.12）。

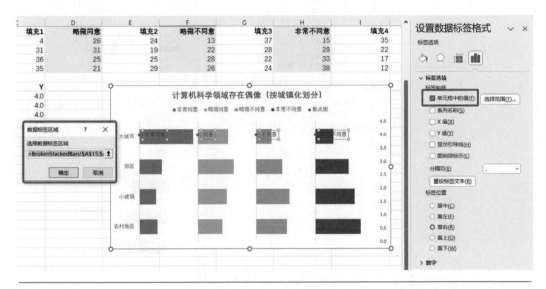

图13.11

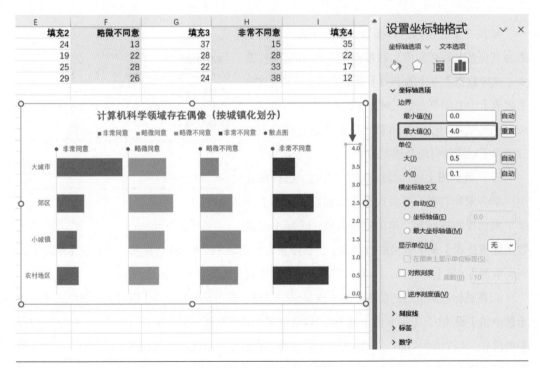

图13.12

7. 设置好标签后，再调整一下字体的大小、颜色和对齐方式。还可以通过【设置数据系列格式】→【标记】→【标记选项】→【无】来隐藏散点图（见图13.13）。

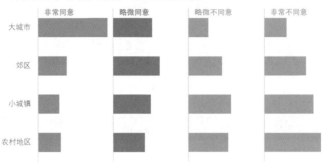

图13.13

快速操作指南

1. 选择单元格区域A8:I12并插入【堆积条形图】。

2. 切换图表的顺序：【图表设计】→【切换行/列】。

3. 设置Y轴的格式：

4. 选中Y轴，单击鼠标右键→【设置坐标轴格式】→【坐标轴选项】→【逆序类别】。

5. 选中Y轴，单击鼠标右键→【设置坐标轴格式】→【坐标轴选项】→【横坐标轴交叉】→【最大分类】。

6. 设置"填充"数据列的颜色：选中"填充"数据列，单击鼠标右键→【设置数据系列格式】→【填充】→【无填充】。

7. 编辑横坐标轴的【边界】：选中横坐标轴，单击鼠标右键→【设置坐标轴格式】→【边界】→【最小值】为0，【最大值】为200。

8. 编辑横坐标轴的【单位】：选中横坐标轴，单击鼠标右键→【设置坐标轴格式】→【单位】→【大】设为50。

9. 删除图例中的四个"填充"数据列：单击图例→单击每个"填充"图例→删除。

10. 删除横坐标轴。

对比条形图

对比条形图	
难度等级: 中级	
数据类型: 类别	
组合图表: 否	
公式使用: SUM	

对比条形图常用来显示正负值之间的差异，例如在一项调查中，要求受访者对相关描述从"非常同意"到"非常不同意"进行评估。由于受访者的反馈围绕中心（中性评估）值排布，因此可以更清楚地显示不同类别与中点的差异。本例中我们将使用上一章的数据。

1. 和绘制分组条形图时一样，首先，我们对表格进行一些调整。在两个"不同意"和两个"同意"数据列之间添加两个新的空数据列，并将两个"不同意"数据列中的值改为负数。要进行这些更改，可以使用公式将值乘以-1（例如，B2*-1），或者在单元格中输入-1，复制它，选择数据，然后使用【选择性粘贴】功能中的【相乘】选项进行操作。（在本章末尾使用了一种不需要更改数据表的制图方法，但我更喜欢现在这种方法。）（见表14.1）

我们将利用这两个空数据列来帮助对齐，否则，当正、负数同时出现在图表中时，条形图和标签无法正确对齐。

表 14.1

	A	B	C	D	E	F	G
1		非常同意	略微同意	略微不同意	非常不同意		
2	大城市	46	26	13	15		
3	郊区	19	31	22	28		
4	小城镇	14	25	28	33		
5	农村地区	15	21	26	38		
6							
7		略微不同意	非常不同意	略微不同意	非常不同意	略微同意	非常同意
8	大城市	−13	−15			26	46
9	郊区	−22	−28			31	19
10	小城镇	−28	−33			25	14
11	农村地区	−26	−38			21	15

2. 现在，选择单元格区域A7:G11，插入堆积条形图（见图14.1）。

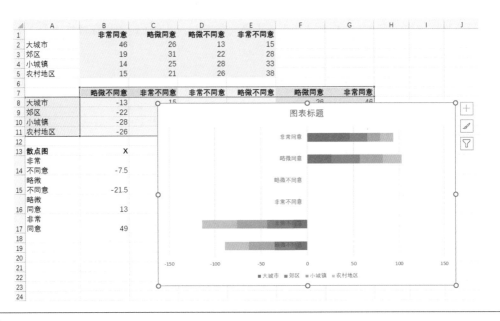

图14.1

3. 与前几章一样，Excel默认模式下的布局不符合我们的需求，单击【图表设计】➔【切换行/列】，将图表调整为我们希望的布局（见图14.2）。

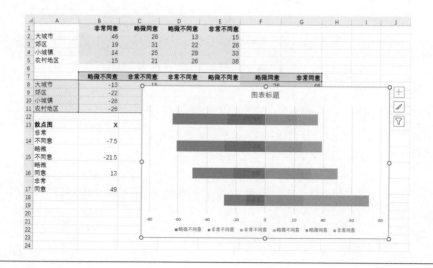

图14.2

4. 图中条形图的顺序与数据表格相反，因此需要调整一下Y轴，选中Y轴，单击鼠标右键
→【设置坐标轴格式】→【坐标轴选项】→【最大分类】，以及【设置坐标轴格式】→【坐标
轴选项】→【逆序类别】（见图14.3）。

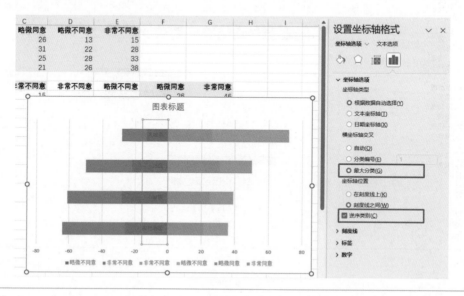

图14.3

5. 这时图例的位置不太合适。"非常不同意"的条形图位于图表的最左边，紧接在它右边

的是"略微不同意",但图例显示的却和条形图相反,所以需要进行一些小的调整。

要对齐条形图和图例,可以直接编辑图例。我们可以手动删除前两个图例,即与实际数据相关的"不同意"数据列。别担心,删除图例不会影响图表中的数据。单击 "略微不同意"图例,再次单击确保单选该图例,然后删除,以同样的方式删除"非常不同意"(见图14.4)。

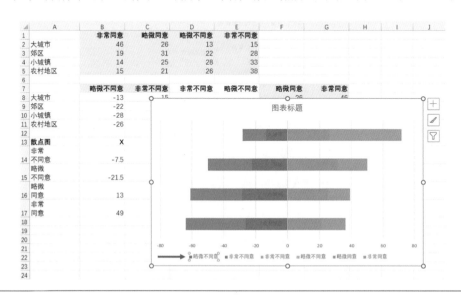

图14.4

6. 对于剩下的两个"不同意"数据列,即表中的空单元格系列(D列和E列),再次单选图例项,在【格式】→【形状填充】中选择与图表中条形图相同的颜色(见图14.5)。

7. 最后,再进行一些格式上的调整:

a. 将图例移到图表顶部(单击鼠标右键→【设置图例格式】→【图例位置】→【顶部】)。

b. 类别标签(例如,大城市、郊区等)最好位于图表的左侧,因此可以选中Y轴,单击鼠标右键,然后选择【设置坐标轴格式】→【标签】→【标签位置】→【低】来调整位置。

c. 为了突出显示Y轴,仍然选中Y轴,通过【设置坐标轴格式】→【线条】,来调整线条的颜色(见图14.6)。

d. 如果希望在条形图上的每一段添加数据标签,选中每个条形图,单击鼠标右键,然后选择【添加数据标签】,并根据需要调整格式。

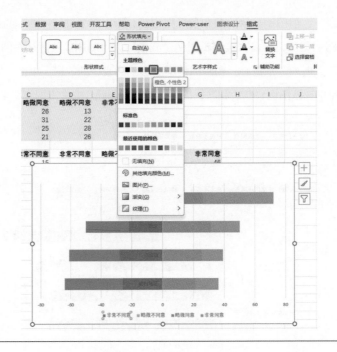

图14.5

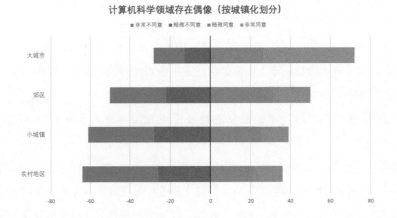

图14.6

8. 你可能注意到，X轴标签没有多大实际意义——并不存在-13%的人"非常不同意"这一说法！我们只是利用负数来制图。接下来我们通过设置数字格式，让负数显示为正数。

选择X轴标签，单击鼠标右键（或按Ctrl+1快捷键），选择【设置坐标轴格式】➔【数字】→【自定义】，然后将【格式代码】框中的内容用以下代码替换：#,###;#,####;0。
最后单击【添加】按钮（见图14.7）。

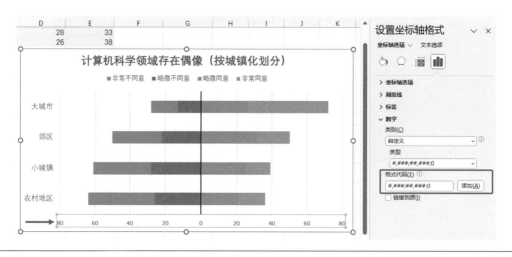

图14.7

在第4章我们提到，这种数字格式用于设置正数、负数和零的样式。前两个分号之前的
"#,###"表示以千分位的方式显示数字，不包括小数，并将负数显示为正数。最后一个分号
后的0表示将零显示为0。

9. 对于数据都是正数的情况，也可以创建这种图表。这种方式需要添加一个"填充"
数据列，该数据列的值等于80减去两个"不同意"数据列的总和，即在单元格中输入：
=80-SUM(C8:D8)。使用80是因为之前的图表中，X轴的坐标值范围从–80到80，我想沿用这个
范围。选中整张数据表，插入【堆积条形图】，接着进行【切换行/列】，然后将"填充"数
据列的颜色设为【无填充】。X轴的范围从0到160，没有任何意义，所以我们可以选中X轴将
其删除。如果想在图表的中间添加一条黑色分隔线，使两个"同意"类别与两个"不同意"
类别分开（在X轴上标记为80），可以将Y轴与X轴交叉于X轴的坐标值为80处。选中X轴单击
鼠标右键，选择【设置坐标轴格式】，在【纵坐标轴交叉】→【坐标轴值】旁的文本框中输
入80。如果要将标签放回图表的最左边，可以选中Y轴单击鼠标右键，将【标签位置】设为
【低】，然后更改线条的颜色/宽度（见图14.8）。

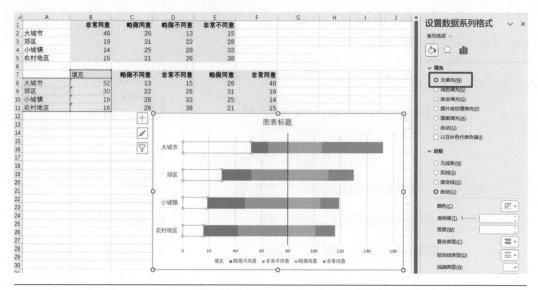

图14.8

10. 如果想删除图例并将其替换为直接显示在图上的标签，可以按照上一章中分组条形图所述的过程操作：添加新数据列并改为用散点图表示，然后添加类别标签，再调整新的辅助数据列的Y轴，以确保标签放在正确的位置。在数据表中，X值等于每个线段的中点，Y值设置为4.0。通过在两个词之间插入换行符，将标签（例如"非常同意"）分成两行。具体操作方法是将光标放置在两个词之间，用Alt+回车快捷键进行换行（macOS操作系统中则是Option+RETURN）（见图14.9）。（译者注：X轴显示为百分数，其自定义格式代码为：#,###"%";#,###"%";0%）

关于对比条形图的最后一点。当存在"中立"或"未回答"的类别时，这种回答从定义上来说既不是同意也不是不同意，不应归入任何一个类别。换句话说，不要将中立的类别沿垂直基线放置在图表的中间，而是考虑将其放置在沿其自身垂直轴（Y轴）的一侧。可以通过创建一个单独的"填充"数据列来实现，该数据列将在最右侧（"非常同意"类别）和"中立"类别之间添加一个空白区域。

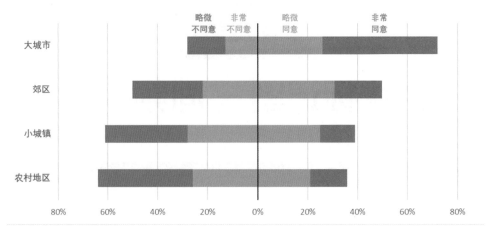

图14.9

快速操作指南

1. 选择单元格区域A7:G11并插入【堆积条形图】。

2. 切换图表的布局：【图表设计】→【切换行/列】。

3. 设置Y轴的格式：

a. 选中Y轴，单击鼠标右键→【设置坐标轴格式】→【坐标轴选项】→【逆序类别】。

b. 选中Y轴，单击鼠标右键→【设置坐标轴格式】→【坐标轴选项】→【横坐标轴交叉】→【最大分类】。

c. 选中Y轴，单击鼠标右键→【设置坐标轴格式】→【标签】→【低】。

d. 选中Y轴，单击鼠标右键→【设置坐标轴格式】→【线条】→【实线】。

4. 删除位置错误的"非常不同意"和"略微不同意"图例项，并更改剩下的位置正确的"非常不同意"和"略微不同意"图例项的颜色。

5. 设置X轴标签格式：选中X轴，单击鼠标右键→【设置坐标轴格式】→【数字】→【自定义】→在【格式代码】框中输入"#,####;#,###;0"。

色块标记图 - 同频率■

色块标记图-同频率
难度等级: 初级
数据类型: 类别
组合图表: 是
公式使用: 无

色块标记图通常用于突出显示折线图中的某个时间段。这种图表往往用来显示预测的时间段、标记衰退期或突出显示某个政策推行的时间。若数据频率相同（例如，两个数据列都是每年记录一个值），制作该类图表会很容易。本例中，我们将绘制2007年1月至2022年1月美国每月失业率的折线图，并添加色块以标示衰退期，该区间同样以月为间隔。

1. 选中单元格区域B1:D182，插入一个包含两个数据列的折线图。失业率在C列，衰退期在D列，出现经济衰退的月份标记为16。需要注意的是，如果在B列标题栏写有"年份"，Excel会把这列数据也绘制进图表，因此我们将标题栏单元格中的文字删除（见图15.1）。

2. 选择"衰退期"数据列，然后单击【图表设计】→【更改图表类型】→【组合图】，将"衰退期"数据列更改为用簇状柱形图表示（见图15.2）。

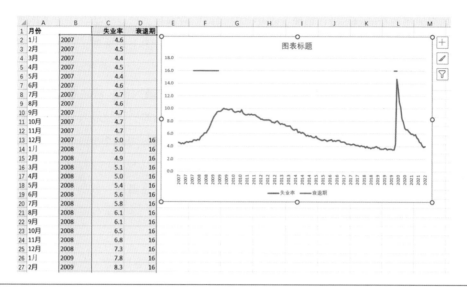

图15.1

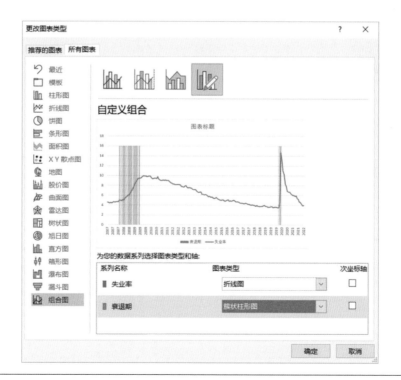

图15.2

3. 如果使用的是macOS操作系统，选中"衰退期"数据列，然后直接在【更改图表类型】中选择【簇状条形图】。注意，macOS操作系统中没有【组合图】的选项，只需直接更改图表类型即可（更多详情，请参阅第4章）。

4. 将"衰退期"数据列的值设置为16，略高于失业率的最大值。请注意，对于这两个数据列，Excel会自动将Y轴的最大值设为18，因为系统默认生成的坐标轴最大值会大于数据的最大值，以避免图表顶格放置。而我们希望柱形图能延伸到顶部，可选中Y轴单击鼠标右键或按Ctrl+1快捷键，在【设置坐标轴格式】中将Y轴的最大值设为16（见图15.3和15.4）。

5. 调整柱形图的间隙，使其形成一个连续的色块。选择"衰退期"数据列（橙色条），然后单击鼠标右键，在弹出的菜单中单击【设置数据系列格式】。在【系列选项】中，将【间隙宽度】设为0%（见图15.5）。

图15.3

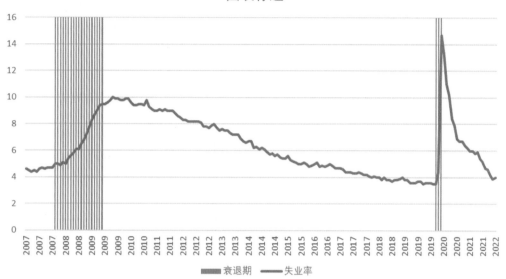

图15.4

图15.5

接着根据个人需求进行格式调整。比如可以删除图例、更改条形图的颜色（我个人喜欢灰色），以及调整网格线的数量或外观。还可以调整X轴标签的出现频率，操作步骤是【设置坐标轴格式】➔【标签】➔【标签间隔】➔将【指定间隔单位】设为12（因为有12个月）（见图15.6）。

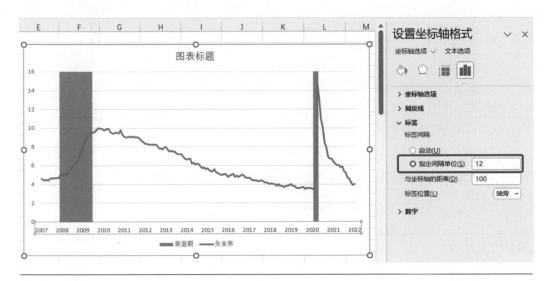

图15.6

如果希望Y轴顶部标签以百分号显示，而其他标签不变，可以通过设置数字格式来实现。选中Y轴标签，然后在【数字】菜单下的【类别】中选择【自定义】，接着，在【格式代码】中输入以下代码，再单击【添加】按钮：

[=16]#,###"%";#,###_%;0_%

这串代码的意思是，首先判断数字是否等于16，如果是，则在末尾添加一个百分号（"%"）；如果否，且数字为正或零，则在数字后面添加一个与百分号宽度相同的空格（"_%"）以使标签对齐。

我们还可以在底部添加一段文字说明（类似于图15.7中的"阴影部分表示……"这段文字）。或者选择任意数据列中的某个点，添加数据标签，并将其移动到我们想要的位置。我更喜欢添加数据标签的方法，因为这样Excel会将图表视为一个整体，而不是"图表加文本框"（见图15.7）。

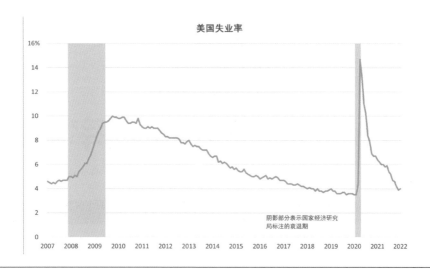

图15.7

快速操作指南

1. 选择单元格区域B1:D182并插入折线图。

2. 将"衰退期"数据列更改为用簇状柱形图表示：

a. 在Windows操作系统中：选择"衰退期"数据列→【图表设计】→【更改图表类型】→【组合图】→"衰退期"→【簇状柱形图】。

b. 在macOS操作系统中：选择"衰退期"数据列→【图表设计】→【更改图表类型】→【簇状柱形图】。

3. 选择"衰退期"数据列→单击鼠标右键→【设置数据系列格式】→【系列选项】→【间隙宽度】为0%。

4. 调整Y轴：选中Y轴单击鼠标右键→【设置坐标轴格式】→【坐标轴选项】→【最小值】为0，【最大值】为16。

第16章
色块标记图 - 不同频率■■

色块标记图-不同频率	
难度等级: 中级	
数据类型: 类别	
组合图表: 是	
公式使用: 无	

上一章中制作的色块标记图，两组数据的频率是一样的，本章将介绍如何绘制不同频率的色块标记图，过程会稍微复杂些。在本例中，失业率数据每年记录一次，而标注衰退期的数据按月标记，因此制图时需要用到次坐标轴。

1.选中单元格区域A1:B16中的数据创建折线图，即2007年至2021年的年失业率（见图16.1）。

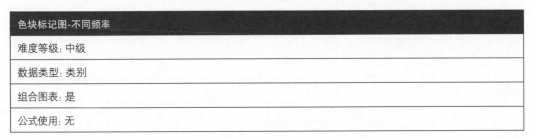

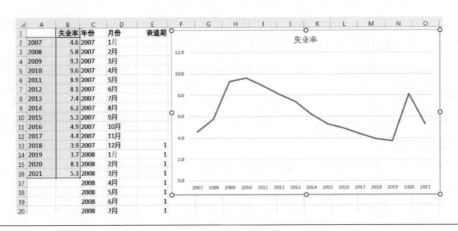

图16.1

2.接着，添加衰退期的数据，选中图表单击鼠标右键，再单击【选择数据】➔【添加】。引用单元格E1作为【系列名称】，单元格区域E2:E169作为【系列值】，然后单击【确定】按钮。

此时，蓝色的"年失业率"数据列会滑动到图表区的最左边，因为在添加"衰退期"数据列后，Excel将"年失业率"数据列视为具有168个空白数据的单元格，并依此绘制折线图（见图16.2）。

图16.2

3. 接着，在图表中选择橙色（衰退期）数据列，单击鼠标右键，然后在【设置数据系列格式】→【系列选项】中选择【次坐标轴】（见图16.3）。

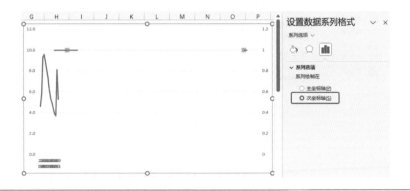

图16.3

和主要坐标轴一样，Excel会自动设置次坐标轴的最小值和最大值，我们可以对其进行调整。

4. 图表看起来还是有些奇怪，不过别担心，马上就可以调整好。和上一章一样，把表示"衰退期"数据列的折线图改为簇状柱形图。在Windows操作系统中，单击选择"衰退期"的折线，然后选择【图表设计】→【更改图表类型】→【组合图】，把"衰退期"数据列的图表类型更改为【簇状柱形图】（见图16.4）。在macOS操作系统中，选中"衰退期"数据列，直接在【更改图表类型】中改为【簇状柱形图】。

5. 现在，我们创建了一个柱形图，并在【设置数据系列格式】中将其设为次坐标轴。接下来，需要"显示"次要横坐标轴。选择图表后，单击顶部功能区中的【图表设计】→【添加图表元素】→【坐标轴】→【次要横坐标轴】。将橙色柱形图翻转到次坐标轴，蓝色折线图像最初一样延伸（见图16.5）。

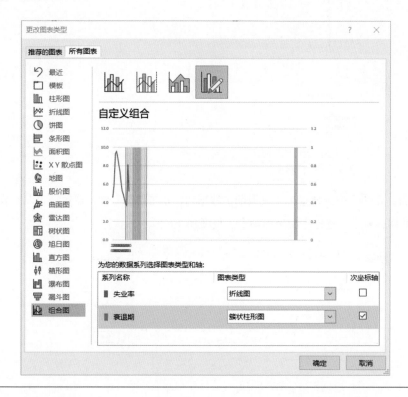

图16.4

6. 现在又朝目标靠近了一步，接下来，设置柱形图，使其沿整个Y轴延伸。选择次要纵坐标轴→【设置坐标轴格式】→【坐标轴选项】，然后将【最小值】设为1，【最大值】设为2。将这一步想象成将柱形图从图表上方的无穷远向下延伸到次要纵坐标轴上坐标为1的位置。（请注意，这样设置之所以有效，是因为"衰退期"数据列中，我们将处于衰退期的月份数据值设为1。如果我们将其设置为其他数字，相应的坐标轴边界最大和最小值需要做相应调整。）（见图16.6）。

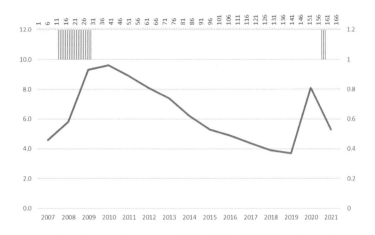

图16.5

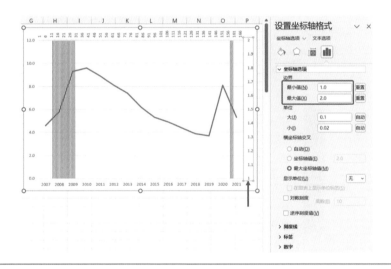

图16.6

　　7. 去掉柱形图的间隙：选中"衰退期"数据列，单击鼠标右键→【设置数据系列格式】→【系列选项】→【间隙宽度】设为0%。在同一菜单中，还可以通过【填充】选项调整柱形图的颜色（见图16.7）。

　　8. 隐藏次坐标轴，让图表看起来更简洁。分别对两个次坐标轴进行以下三个调整：

　　a. 选中坐标轴，单击鼠标右键→【设置坐标轴格式】→【线条】→【无线条】。

　　b. 选中坐标轴，单击鼠标右键→【设置坐标轴格式】→【坐标轴选项】→【刻度线】→【无】。

c. 选中坐标轴，单击鼠标右键→【设置坐标轴格式】→【坐标轴选项】→【标签】→【无】。

如果我们只是简单地选中坐标轴并删除，设计好的图表有时会被破坏，所以最好隐藏坐标轴，而不是删除（见图16.8）。

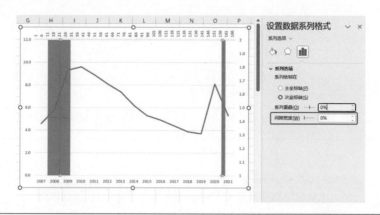

图16.7

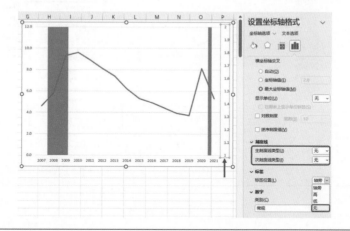

图16.8

9. 最后，为了使视觉效果更协调，需要把折线图坐标轴位置设置为【在刻度线上】，柱形图坐标轴位置设置为【刻度线之间】。选择主要坐标轴X轴（用于折线图），单击鼠标右键，然后在【坐标轴选项】中选择【在刻度线上】（见图16.9）。

10. 和之前一样，我们可以根据个人需要调整文本、标题和其他元素的样式。像这种数据点不多的图表，我有时会在折线上添加数据标记，让其更引人注目。如果读者想知道确切的数值，还可以在标记中添加数据。

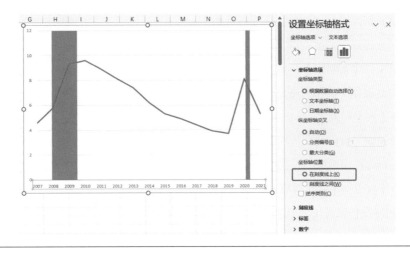

图16.9

若要进行这些调整，可以选中折线图，单击鼠标右键，在弹出的菜单中单击【添加数据标签】。选中数据标签，单击鼠标右键，【设置数据标签格式】→【标签位置】→【居中】。返回图表，再次选中折线图，单击鼠标右键，在【设置数据系列格式】→【标记选项】→【内置】中，将标记改为圆形，大小设置为能框柱数据标签。再进行一些格式上的微调。在本例中，我通过【设置数据系列格式】→【标记】→【填充】和【设置数据系列格式】→【标记】→【边框】，将标记调整为用白色填充，并调整边框的粗细，使其和折线粗细一致（见图16.10）。

美国失业率（%），2007–2021

图16.10

快速操作指南

1. 选择单元格区域A1:B16并插入【折线图】。

2. 添加"衰退期"数据：单击鼠标右键→【选择数据】→【添加】→【系列名称】：衰退期（单元格E1），【系列值】：单元格区域E2:E169。

3. 选择"衰退期"数据列→单击鼠标右键→【设置数据系列格式】→【系列选项】→【系列绘制在】→【次坐标轴】。

4. 将"衰退期"数据列改为用簇状柱形图表示：

a. 在Windows操作系统中：选择"衰退期"数据列→【图表设计】→【更改图表类型】→【组合图】→【衰退期】→【簇状柱形图】。

b. 在macOS操作系统中：选择"衰退期"数据列→【图表设计】→【更改图表类型】→【簇状柱形图】。

5. 显示次要横坐标轴：选择图表→【图表设计】→【添加图表元素】→【坐标轴】→【次要横坐标轴】。

6. 调整次要纵坐标轴（即右侧的Y轴）的范围：单击鼠标右键→【设置坐标轴格式】→【坐标轴选项】→设置【最小值】为1，【最大值】为2。

7. 选择"衰退期"数据列→单击鼠标右键→【设置数据系列格式】→【系列选项】→【间隙宽度】设为0%。

8. 设置次要纵、横坐标轴格式：

a.【设置坐标轴格式】→【线条】→【无线条】。

b.【设置坐标轴格式】→【刻度线】→【无】。

c.【设置坐标轴格式】→【标签】→【标签位置】→【无】。

9. 调整主要横坐标轴的刻度线：选择主要横坐标轴，单击鼠标右键→【设置坐标轴格式】→【坐标轴选项】→【坐标轴位置】→【在刻度线上】。

用直线标注事件■■

用直线标注事件	
难度等级: 中级	
数据类型: 时间	
组合图表: 是	
公式使用: IF, OR, VALUE, RIGHT	

有时，我们需要在图表上标记特定事件、说明政策调整或添加一些其他注释。本案例会教你如何在图表中添加一条垂直注释线以实现这些功能。这条垂直线可以移动到其他软件（例如PowerPoint），并且能链接到原始数据，方便后续更新和复制。本例中，我们在1930年以来美国人每年消费的牛肉总磅数的折线图上添加一条直线，用来表示1955年4月第一家麦当劳餐厅在加利福尼亚州圣贝纳迪诺开业的时间。

制作这种图有两种常用方法，它们各有优缺点，你可以根据你的喜好选择。

双折线图法

这种方法结合两个折线图进行图表的绘制，并利用到了Excel在绘制图表时不显示#N/A值这一特点。

1. 用两个数据列绘制一个标准折线图：第一个数据列包含完整的数据（C列），第二个只包含1955年第一家麦当劳开业时的值（D列）。可以通过使用一个简单的IF公式：=IF(B2=1955,100,NA())生成第二个数据列，它表示如果是1955年，则在单元格中显示100，否则返回#N/A（公式中的"NA()"就表示在单元格中显示#N/A）。制图时，Excel会自动忽略#N/A值（见表17.1）。

表 17.1

	A	B	C	D	E
1			牛肉	第一家麦当劳餐厅开业	1955年的值
2	1930	1930	33.7	#N/A	#N/A
3		1931	33.4	#N/A	#N/A
4		1932	32.1	#N/A	#N/A
5		1933	35.5	#N/A	#N/A
6		1934	43.9	#N/A	#N/A
7		1935	36.6	#N/A	#N/A
8		1936	41.6	#N/A	#N/A
9		1937	38.0	#N/A	#N/A
10		1938	37.4	#N/A	#N/A
11		1939	37.6	#N/A	#N/A
12	1940	1940	37.8	#N/A	#N/A
13		1941	42.6	#N/A	#N/A
14		1942	45.9	#N/A	#N/A
15		1943	43.0	#N/A	#N/A
16		1944	46.6	#N/A	#N/A
17		1945	48.0	#N/A	#N/A
18		1946	44.2	#N/A	#N/A
19		1947	49.2	#N/A	#N/A
20		1948	44.2	#N/A	#N/A
21		1949	44.7	#N/A	#N/A
22	1950	1950	44.6	#N/A	#N/A
23		1951	41.2	#N/A	#N/A
24		1952	43.9	#N/A	#N/A
25		1953	54.5	#N/A	#N/A
26		1954	56.0	#N/A	#N/A
27		1955	57.2	100	57.2
28		1956	59.5	#N/A	#N/A

选中单元格区域B1:D91，插入【带数据标记的折线图】（暂时不考虑E列，我们后面会用到它），可以在图表顶部附近看到1955年的数据点。如果你没有看到橙色的点，那你可能错误地插入了标准的【折线图】。在本例中，我们需要使用的是【带数据标记的折线图】（见图17.1）。

2. 现在选择橙色点并添加误差线（【图表设计】→【添加图表元素】→【误差线】→【其他误差线选项】）。然后，在【设置误差线格式】面板中进行三项调整：

a. 把方向设为【负偏差】。

b. 把【末端样式】设为【无线端】。

c. 把【误差量】的百分比设为100%。

图17.1

这样，你就创建了一条从数据标记处开始，向下延伸到X轴的直线。如果你没有看到【其他误差线选项】，这是因为该选项有时会莫名消失，你可以选择任何其他选项，如【百分比】，以进入【设置误差线格式】面板并修改误差线（见图17.2和17.3）。

3. 接着，选中数据标记单击鼠标右键并添加数据标签来进行注释。我们在原始数据中将该数据列命名为"第一家麦当劳餐厅开业"，因此，可以在图表上直接引用该名称。在数据标签上单击鼠标右键，选择【设置数据标签格式】，选中【系列名称】，然后取消【值】的勾选。然后，在【标签位置】中选择【靠左】，使其移到直线的左边。如果想在标签内左对齐文本，可以选中标签，在【开始】选项卡中利用标准对齐菜单进行调整（见图17.4）。

图17.2

图17.3

图17.4

4. 然后，再进行一些小调整：

a. 将Y轴的坐标值设置为从0到100（选择Y轴→单击鼠标右键→【设置坐标轴格式】→【最小值】/【最大值】），记住，Excel默认状态下数据不能绘制到Y轴的顶部，即自动生成的图表中Y轴最大值略高于数据最大值，因此需要手动将Y轴最大值设置为100。

b. 选择蓝色数据列，通过【更改图表类型】中的【组合图】功能，将其更改为【折线图】，并隐藏数据标记。选中折线图单击鼠标右键→【设置数据系列格式】→【标记】→【标记选项】→【无】。（如果单击鼠标右键后出现的菜单中显示的是【设置数据点格式】，则表示你只选择了一个点。在这种情况下，单击图表中任意位置，然后再次单击折线图。）

c. 隐藏橙色数据点：选中数据点单击鼠标右键→【设置数据点格式】→【标记】→【标记选项】→【无】。

d. 还可以通过手动移动标签或设置白色填充，使网格线不穿过标签（见图17.5）。如果我们移动标签，Excel可能会自动添加一条"引导线"，即连接标签和点的线，可以在【设置数据标签格式】中将其关闭。

图17.5

5. 最后，可以调整X轴标签。最简单的做法是选择X轴，并在【设置坐标轴格式】→【标签】→【标签间隔】→【指定间隔单位】中设置一个合适的值（我使用的值为10年）。但当间隔为10年时，最后一年（2019年）就不会显示。

如果想要显示最后一年，可以为X轴标签创建一个完全不同的数据列。在A列（参见前面的表17.1）中，我使用如下公式创建一列替代标签：

$$=IF(OR(VALUE(RIGHT(B2,1))=0,B2=2019),B2,"")$$

这个公式有些复杂，我们对其稍作说明。这是一个完整的IF语句，包含三个参数：

a. 判断对象："OR(VALUE(RIGHT(B2,1))=0,B2=2019)"。这个OR语句中有两个条件，我用不同颜色标出。蓝色的"RIGHT(B2,1)"是提取单元格中从右边开始的第一个字符，也就是一年中的最后一个数字。再嵌套"VALUE()"函数将其转换成数字格式，然后判断该数值是否为0。绿色部分是看年份是否为2019年。

b. 当判断为真（TRUE）时：公式中的第二个参数是IF判断为真时的返回值。如果年份的最后一位为0，或者年份为2019，则公式将在单元格中输入该年份。

c. 当判断为假（FALSE）时：公式中的最后一个参数是IF判断为假时的返回值。如果两者都为假，则显示空单元格（""）。

最终，我们得到了一个数据列，包含以0结束的年份和2019年，其他都是空白单元格。为了将这个新数据列用于X轴标签，需要做两件事：

a. 首先，将X轴标签间隔还原：选择X轴→单击鼠标右键→【设置坐标轴格式】→【标签】→【标签间隔】→【自动】。

b. 现在我们可以引用新数据列作为X轴的标签：选中图表→单击鼠标右键→【选择数据】→【水平分类轴标签】→【编辑】→选择单元格A2:A91。这样，我们在X轴上就能显示每十年的第一年，以及最后的2019年（见图17.6）。

6. 我们还可以调整一下垂直线的外观。首先，可以缩短直线，让其落在折线图上。在【设置误差线格式】里选择【自定义】，单击旁边的【指定值】，在弹出的对话框中的【正错误值】中输入0，【负错误值】输入42.8（1955年人均牛肉消费量为57.2，因此它与100的差值为42.8）（见图17.7）。

其次，如果想在误差线与折线图相交的点上添加一个标记，可以在图表中添加另一个折线图（E列）。这时，1955年以外的值都是#N/A。接着，可以设置标记的样式，比如放大标记点并用白色填充，以便读者看得更清楚。（见图17.7和表17.2）。

Excel里可以用箭头或点来设置误差线的【结尾箭头类型】——请参阅第18章"点状

图", 但尾端的点会位于折线图的下面, 从而被折线图遮挡, 因此这种方法在这里不太适用。

图17.6

图17.7

表 17.2

	A	B	C	D	E	F
1			牛肉	第一家麦当劳 餐厅开业	1955年 的值	差异
20		1948	44.2	#N/A	#N/A	
21		1949	44.7	#N/A	#N/A	
22	1950	1950	44.6	#N/A	#N/A	
23		1951	41.2	#N/A	#N/A	
24		1952	43.9	#N/A	#N/A	
25		1953	54.5	#N/A	#N/A	
26		1954	56.0	#N/A	#N/A	
27		1955	57.2	100	57.2	42.8
28		1956	59.5	#N/A	#N/A	

组合图法

第二种用直线标注事件的方法利用了折线图和散点图的组合。

1. 首先，用"牛肉"数据列（B1:C9）制作一个折线图（见表17.1和图17.8）。

图17.8

2. 接着，通过添加散点图、并从指定的数据点添加误差线的方式生成一根垂直线。先选择图表单击鼠标右键，然后单击【选择数据】→【添加】以增加新的数据列（见图17.9）。

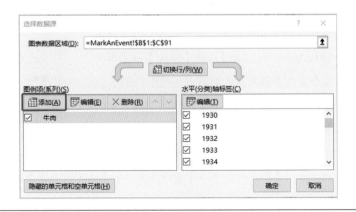

图17.9

3. 然后在【系列名称】中引用单元格H2（"第一家麦当劳餐厅开业"），【系列值】引用单元格I4，即100。单击【确定】按钮（见图17.10）。

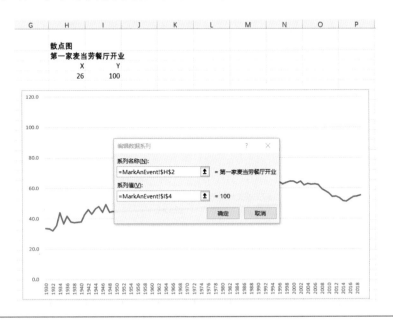

图17.10

4. 这时，图上有两个需要注意的地方。首先，Y轴的最大值从100再次变为120，需要手动将最大值改回100。其次，没有出现新的数据标记。这是因为尽管我们刚才在图表中添加了一个折线图，但折线需要两点才能存在。如果只有一点，就不会显示。要查看新添加的点，可以通过打开【格式】→【当前所选内容】的下拉菜单来选择新添加的数据点（见图17.11）。具体操作见下一步。

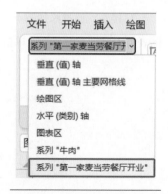

图17.11

5. 接着，将新数据列改为用散点图表示，在【当前所选内容】的下拉菜单中选择【系列"第一家麦当劳餐厅开业"】。在其处于选中状态时，使用【图表设计】→【更改图表类型】→【组合图】选项将该数据列改为用散点图表示（见图17.12）。

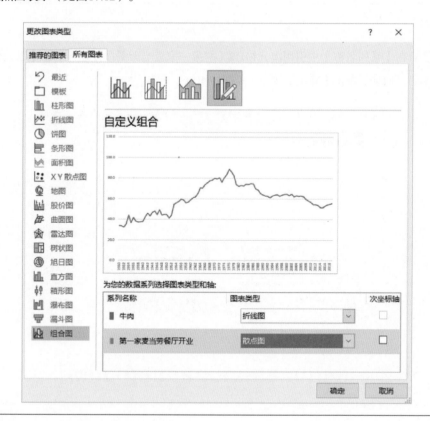

图17.12

在macOS操作系统中，需要选中新数据列（通过【格式】→【当前所选内容】下拉菜单），并在其处于选中状态时，选择【图表设计】→【更改图表类型】→【散点图】。

图17.13

6. 现在已经将该数据列改为用散点图表示，但还需要为其指定一个X轴系列值。选中图表单击鼠标右键，选择【选择数据】→"第一家麦当劳餐厅开业"→【编辑】，然后将X值（单元格H4）输入到【X轴系列值】的框中（见图17.13）。

现在，散点图出现在图表上，其Y值为100，X值为26。请注意，X值的26表示它位于X轴上第26的位置（每个位置的坐标值间隔为1）。如果单元格H4设置为1955，Excel会错误地将点放置在X轴上第1955的位置上，如图17.14所示。

图17.14

7. 然后，添加垂直的误差线。选中散点图，然后选择【图表设计】→【添加图表元素】→【误差线】→【其他误差线选项】，调出【设置误差线格式】菜单。与折线图只添加垂直误差线不同，散点图会同时添加水平和垂直误差线。

Excel会自动将我们导航到【垂直误差线】格式菜单，可以直接选中误差线或通过【格式】→【当前所选内容】，在下拉菜单选中垂直误差线，然后进行以下调整：

a. 将【方向】设为【负偏差】。

b. 将【末端样式】设为【无线端】。

c. 在【误差量】菜单中选择【百分比】，然后在对话框中输入100。垂直误差线将延伸到X轴（见图17.15）。

图17.15

8. 接下来，删掉不需要的水平误差线。（请记住，同样可以通过【格式】→【当前所选内容】的下拉菜单来选择误差线。）

9. 然后，添加数据标签。选择橙色标记，单击鼠标右键，然后单击【添加数据标签】。和之前一样，可以通过【设置数据标签格式】→【系列名称】来选择和调整标签名称（此处的数据标签名称已经符合我们的要求，无须调整）。取消勾选【Y值】，然后选择【标签位置】→【靠左】，将标签移到左边（见图17.16）。

10. 最后，在【设置坐标轴格式】面板中（通过单击鼠标右键或按Ctrl+1快捷键打开）将Y轴的最大值改为100。同时，隐藏散点图的数据标记：单击鼠标右键→【设置数据系列格式】→【标记】→【标记选项】→无】（见图17.17）。

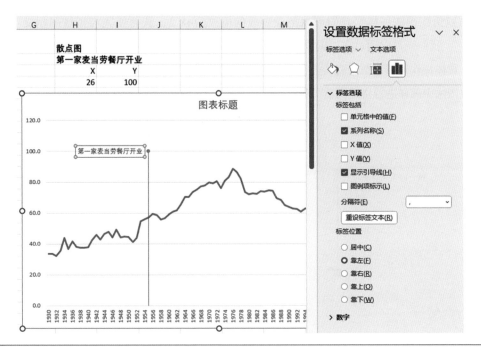

图17.16

图17.17

与双折线图法一样，我们可以把误差线的值改为48.2，从而使其与折线图相交（见图17.18）。我们还可以通过在误差线的末端（在菜单的格式区）添加一个"箭头"来标记线上的点，具体操作是在【结尾箭头类型】中选择圆形箭头。不过，这个圆点的样式不能像我们在双折线图法中那样进行格式调整（见图17.7）。

图17.18

在任何图表中，这种添加注释线的技术都是通用的，如果想要添加更多的注释线，只需添加更多的数据列（无论是用折线图还是散点图表示），并引用需要的标签。

PowerPoint方法

还有第三种方法可以制作这样的图，但我只有在特殊情况下才会使用它。

在Excel中创建一个基础图表，将其复制到PowerPoint（或类似的工具软件）中，并在该软件中添加注释。因为PowerPoint是一个空白画布，所以添加和对齐对象和文本框更容易。我们还可以根据需要调整幻灯片的大小。

不过请注意，当手动插入直线或标记时，很难准确地将注释线或标签放置在对应的数据点上。当我需要添加更详细或自定义的标签、注释（例如，弯曲箭头），或者确定图表不需要更新或重复使用时，我会用这种手动绘制的方法。在PowerPoint中制作完成后，在【文件】菜单中单击【导出】按钮，并选择文件类型（例如，JPEG、PDF、PNG、TIFF等）将其导出为图片。

快速操作指南

方法一：

1. 整理数据并编写公式。

2. 选择单元格区域B1:D91并插入【带数据标记的折线图】。

3. 在橙色点（D列的"第一家麦当劳餐厅开业"列）上添加误差线：选中数据点→【图表设计】→【添加图表元素】→【误差线】→【其他误差线选项】。

4. 调整误差线的样式：选中误差线→单击鼠标右键→【设置误差线格式】→

a. 将【方向】设为【负偏差】。

b. 将【末端样式】设为【无线端】。

c. 设置【误差量】→【百分比】→100%。

5. 添加标签：选中橙色数据点单击鼠标右键，然后【添加数据标签】。

6. 隐藏两个数据列的标记：选中数据标记单击鼠标右键→【设置数据系列格式】→【标记】→【标记选项】→【无】。

7. 调整Y轴边界：选中Y轴单击鼠标右键→【设置坐标轴格式】→【坐标轴选项】→【最小值】为0，【最大值】为100。

8. 要添加或调整年份标签，请参阅本章正文中相关介绍。

方法二：

1. 整理数据并编写公式。

2. 选择单元格区域B1:C91并插入【折线图】。

3. 添加新的数据列：选中图表→单击鼠标右键→【选择数据】→【添加】→【系列名称】：第一家麦当劳餐厅开业（单元格H2）和【系列值】：单元格I4。

4. 将新的数据列改为用散点图表示：

a. 在Windows操作系统中：选择"麦当劳"数据列（【格式】→【当前所选内容】）→

【图表设计】➔【更改图表类型】➔【组合图】➔ "麦当劳" 数据列➔【散点图】。

　　b. 在macOS操作系统中：选择 "麦当劳" 数据列（【格式】➔【当前所选内容】）➔【图表设计】➔【更改图表类型】➔【散点图】。

　　5. 指定X轴系列值：选中图表➔单击鼠标右键➔【选择数据】➔【第一家麦当劳餐厅开业】➔【编辑】➔【X轴系列值】：单元格H4。

　　6. 为散点图上的数据点添加误差线：选中数据点➔【图表设计】➔【添加图表元素】➔【误差线】➔【其他误差线选项】。

　　7. 设置垂直误差线样式：选中误差线➔单击鼠标右键➔【设置误差线格式】（译者注：中文版的Excel右键菜单里显示的是【设置错误栏格式】，选中此项即可。单击后，弹出的对话框标题就是【设置误差线格式】了。）

　　a. 将【方向】设为【负偏差】。

　　b. 将【末端样式】设为【无线端】。

　　c. 设置【误差量】➔【百分比】➔100%。

　　8. 删除水平误差线。

　　9. 添加标签：选择散点图数据标记，单击鼠标右键，然后【添加数据标签】。

　　10. 隐藏散点图：选中散点图单击鼠标右键➔【设置数据系列格式】➔【标记】➔【标记选项】➔【无】。

　　11. 调整Y轴边界：选中Y轴单击鼠标右键➔【设置坐标轴格式】➔【坐标轴选项】➔【最小值】为0，【最大值】为100。

　　12. 要添加或调整年份标签，请参阅本章正文中相关介绍。

点状图 ■ ■

点状图
难度等级: 中级
数据类型: 类别
组合图表: 否
公式使用: IF, AVERAGE

当想要跨类别或随时间进行比较时，点状图可以用来替代成对条形图（译者注：成对条形图也叫旋风图）或堆积条形图。本质上讲，点状图是一种特殊的散点图，只是需要额外考虑如何以及在哪里放置数据标签。我们将再次利用误差线来创建此种图表，这次使用的是水平误差线。

本例的数据是世界银行发布的孕产妇死亡率，其定义为"每10万例活产中，在怀孕期间或终止妊娠42天内死于妊娠相关的妇女人数"。在全球范围内，孕产妇死亡率从2000年的342人下降到2017年的211人，但最近的数据（盖茨基金会，2021年）表明，在新冠肺炎大流行期间，这一数值有所上升。

1. 首先，选择单元格区域A1:C8创建一个散点图。B列中的"高度"数据列表示点状图中点的纵坐标值。当选中这三列创建散点图时，Excel会生成两个数据列，我们需要对它们进行进一步调整（见图18.1）。

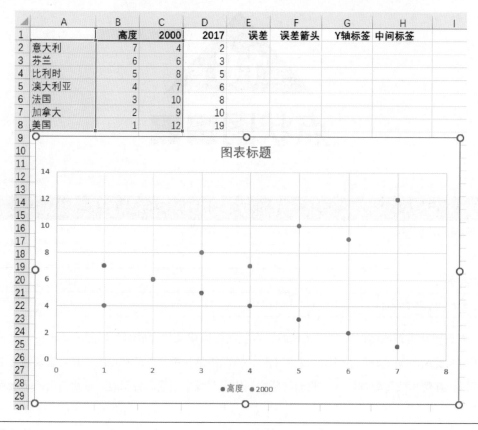

图18.1

2. 选中图表单击鼠标右键，然后单击【选择数据】，进行一些调整。我们希望这个图表中有两个散点图，一个以"2000"列（C列）作为X值，"高度"列（B列）作为Y值，另一个以"2017"列（D列）作为X值，"高度"列（B列）作为Y值。首先，调整"2000"数据列，以包含我们想要的数据。选择该数据列，单击【编辑】。按如下方式调整引用的单元格：将【X轴系列值】改为单元格区域C2:C8（"2000"列），将【Y轴系列值】改为单元格区

图18.2

格：将【X轴系列值】改为单元格区域C2:C8（"2000"列），将【Y轴系列值】改为单元格区域B2:B8（"高度"列）。单击【确定】按钮（见图18.2）。

接下来，调整第二个数据列。系列名称：单元格D1（2017）；X轴系列值：单元格区域

D2:D8；Y轴系列值：仍然是单元格区域B2:B8（"高度"列）。单击【确定】按钮两次。

3. 现在图表中的数据点形成了一对一的搭配，接着用水平误差线将成对的点连起来。首先在E列计算出误差线的值，该值等于"2017"列的值减去"2000"列的值。以"意大利"这一行为例，在单元格E2中输入公式"=D2-C2"，计算结果为2-4=-2。然后将公式向下复制至第8行。再将误差线添加到图表中，选择"2017"数据列（上图中的蓝色数据列），然后单击【图表设计】→【添加图表元素】→【误差线】→【其他误差线选项】（见图18.3）。

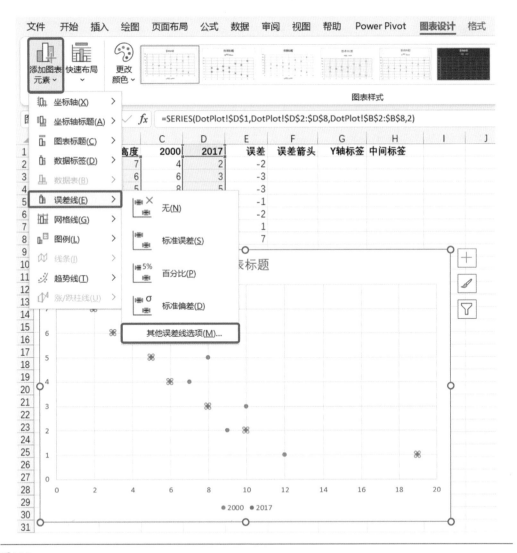

图18.3

4. 在散点图上添加误差线。因为不需要垂直误差线，可以选中它们并单击【删除】。（也可以通过【格式】→【当前所选内容】的下拉菜单来选中误差线）（见图18.4）。

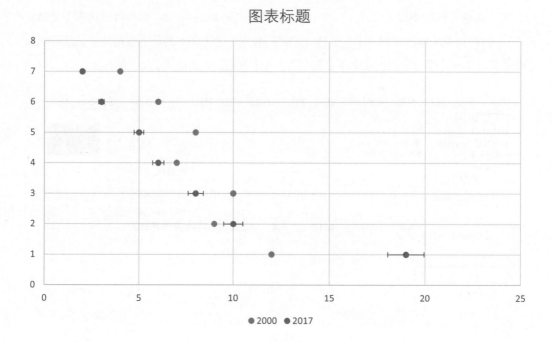

图18.4

5. 接下来，选择水平误差线，单击鼠标右键，在【设置误差线格式】中进行三项调整：

a. 将【方向】设为【负偏差】。

b. 将【末端样式】设为【无线端】。

c. 选择【误差量】为【自定义】，然后单击【指定值】。在【负错误值】框中引用我们在表格中创建的"误差"数据列的值（单元格区域E2:E8）。单击【确定】按钮。

如果误差线没有指向正确的方向，那可能是选择了错误的数据列，或在设置【方向】时，正负偏差设置错误（见图18.5）。

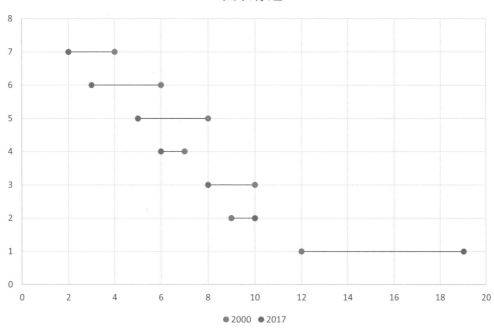

图18.5

6. 现在图表的主体已经创建完成，可以进行一些基本的样式调整，如删除纵 X 轴的网格线、删除 Y 轴标签、增加标记大小和更改颜色。不过，在此之前我们还需要再添加些标签，下面和大家分享三种添加标签的方法。

a. 将标签放在大多数数据点的左边。这种方法是最基本且最简单的常见方法。选择左侧的数据点，单击鼠标右键，然后添加数据标签。接着选择数据标签并单击鼠标右键以设置格式。（见图18.6）：

i. 勾选【X值】。

ii. 取消勾选【Y值】。

iii. 选择【单元格中的值】，并引用单元格区域A2:A8，以将国家名称添加到标签中。

iv. 将【分隔符】改为【(空格)】（根据需要，也可以改为【,(逗号)】）。

v. 将标签位置设为【靠左】。

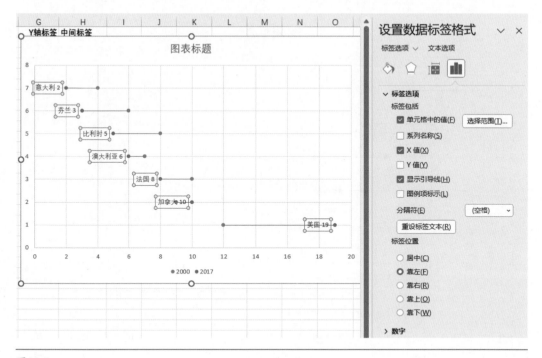

图18.6

　　完成上述设置后，标签基本已经添加完成。然而，我们可能会发现最后两个数据列（加拿大和美国）的标签位置不正确。这是因为这两个数据点2017年的数值位于2020年数值的右侧。可以通过单独选中这两个点并将【标签位置】设为【靠右】来调整这种错位。也可以创建一个单独的数据列并制成散点图，仅用于添加标签。用这种方式，我们可以在左侧指定一个数据列的标签，右侧指定另一个数据列的标签。

　　如果要将年份标签放置在第一对数据点的上方，可以将数据标签添加到不同的数据列并手动调整位置（译者注：由于已经添加过数据标签，不能再重复添加数据标签，可通过新增数据列的方式实现），或者仅为这两点创建另一个数据列并制成散点图，添加标签，并设置标签位置为【靠上】，然后隐藏新的散点图。图18.7中的年份标签有些错位，这是手动移动标签时容易出现的问题。如果你不打算将这个数据图表作为模板反复使用，手动调整也是可以考虑的。

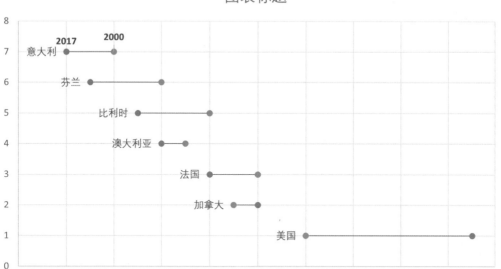

图18.7

　　b. 使标签沿纵轴（Y轴）对齐。如果希望标签沿Y轴对齐，可以添加另一个数据列并制成散点图，其中X值等于零，Y值等于"高度"值。然后在散点图中的数据点左边加上国家标签。

　　在"Y轴标签"数据列中输入0，然后添加散点图（单击鼠标右键→【选择数据】→【添加】→引用单元格区域G2:G8作为X值，引用单元格区域B2:B8作为Y值，然后单击【确定】按钮（见图18.8））。添加后在数据点上单击鼠标右键【添加数据标签】，然后进入【设置数据标签格式】，进行以下三项调整：

　　i.勾选【单元格中的值】，并引用单元格区域A2:A8。

　　ii.取消勾选【X值】。

　　iii. 将【标签位置】设为【靠左】。如果标签看起来不是左对齐的，则可能需要选中【绘图区】左边缘并向右拖曳进行调整。

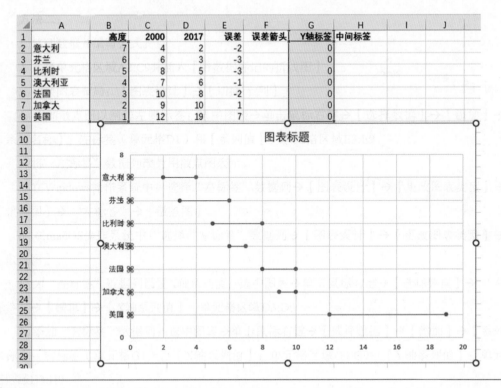

图18.8

c. 将标签在误差线上方居中放置。像这样将标签放在误差线的上面的视觉效果也不错。同样插入一个额外的散点图，其Y值仍然为"高度"数据列，但X值（新增的"中间标签"数据列）为两个数据列的平均值。

在"中间标签"数据列中，插入一个公式来计算两个数据列的平均值（比如意大利：=AVERAGE(C2:D2)），并将其作为X轴系列值添加到新散点图中。单击鼠标右键以添加数据标签，调整标签格式，将其放置在数据点上方，勾选【单元格中的值】并引用单元格区域A2:A8。最后，隐藏数据标记：选中散点图单击鼠标右键→【设置数据系列格式】→【标记】→【标记选项】→【无】（见图18.9）。

我们还可以将数值直接添加到图上。不过，对于加拿大和美国，需要单选这些标签，并将其移动到数据点的另一侧（见图18.10）。

最后，就我个人而言，我不喜欢让网格线穿过数据标签，所以我通常会为标签设置白色填充。你可以在图18.10中比利时和澳大利亚等标签中清楚地看到白色填充的效果。

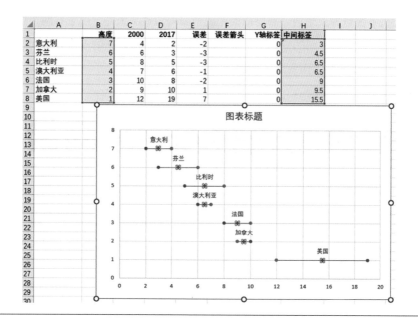

图18.9

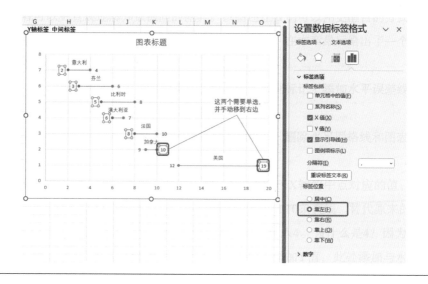

图18.10

我们还可以在点状图中用箭头表示线条，帮助读者更好地理解图表。当图表显示随时间变化的数值时，这种调整尤其有效。操作和前面类似，唯一的区别是误差线的长度和格式。

为了使箭头不被数据点遮挡，需要把误差线稍微缩短些。另外，由于有两个国家（加拿大和美国）在2000年至2017年间的变化方向与其他国家相反，所以新的误差线系列的公式更复杂些。在F列（"误差箭头"）插入以下公式：

$$=IF(E2<0,D2-C2+\$F\$9,D2-C2-\$F\$9)$$

这是一个基本的IF语句，判断E列"误差"的值（2017年的值减去2000年的值），如果为负数，表示在此期间死亡率有所下降，那么就用误差值加上单元格$F$9中的固定值（我将其设置为0.25）。如果误差是正的，表示死亡率在这段时间内增加了，那么就减去这个固定值。

因此，加拿大和美国以外的国家中，每个国家的新误差线都比原来更长些。对于加拿大和美国来说，误差线更短些。

调整了误差线的值后，现在可以按之前的步骤将水平误差线添加到"2000"数据列中：【图表设计】→【添加图表元素】→【误差线】→【其他误差线选项】（不要忘记删除垂直误差线）。在【水平误差线】的格式菜单中：【自定义】→【指定值】→【正错误值】中引用单元格区域F2:F8，并将【结尾箭头类型】和【结尾箭头粗细】改为我们需要的样式。这样，箭头就清晰可见了，但如果我们把单元格$F$9中的值改为0，箭头会被数据点遮挡（见图18.11）。

现在可以再调整一下颜色，为数据点添加一些标签，或添加文本框来做注释或说明（见图18.12）。

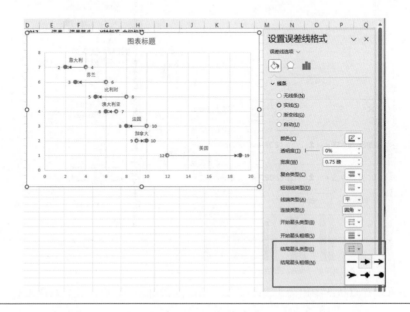

图18.11

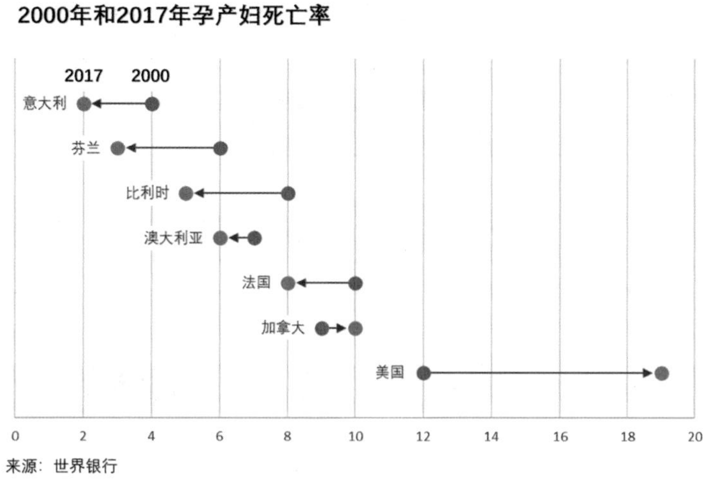

图18.12

快速操作指南

1. 选择单元格区域A1:C8并插入【散点图】。

2. 编辑两个数据列：

a. 选中图表→单击鼠标右键→【选择数据】→ "2000" →【编辑】→【系列名称】：2017（单元格D1）；【X轴系列值】：单元格区域D2:D8；【Y轴系列值】：单元格区域B2:B8。

b. 选中图表→单击鼠标右键→【选择数据】→ "高度" →【编辑】→【系列名称】：2000（单元格C1）；【X轴系列值】：单元格区域C2:C8；【Y轴系列值】：单元格区域B2:B8。

3. 在 "2017" 数据列中添加误差线：选择数据列→【图表设计】→【添加图表元素】→【误差线】→【其他误差线选项】。

4. 设置水平误差线格式：选择误差线→单击鼠标右键→【设置误差线格式】→

a. 将【方向】设为【负偏差】。

b. 将【末端样式】设为【无线端】。

c. 设置【误差量】→【自定义】→【指定值】→【负错误值】→引用单元格区域E2:E8。

5. 删除垂直误差线。

6. 添加标签或把线条改成箭头，更多详细信息，请参阅本章正文中相关内容。

第19章

斜率图 ■ ■

斜率图	
难度等级: 中级	
数据类型: 时间	
组合图表: 否	
公式使用: &	

　　如果我们希望比较组内和组间的差异和变化，那么斜率图是成对条形图的另一个替代方案。在Excel中，可以通过修改折线图来制作斜率图，这样的操作相对容易。我们使用与上一章中点状图相同的数据：7个国家在2000年和2017年的孕产妇死亡率。

　　制作斜率图并添加标签有两种方式，都需要进行一些手动操作。第一种方法有些单调，但它不需要管理多个数据列。

　　图表本身相对容易创建，但在每行的开头和结尾添加标签需要花些时间。使用这两种方法中的任何一种，标签都会整齐地对齐并标记到数据上，这比手动添加和对齐文本框要好（而且手动添加的方式总是容易显得不够协调）。

方法一: 添加数据标签

　　1. 选择单元格区域A2:C9中的数据创建带数据标记的折线图。（暂时忽略D:H列，这些列将在方法二中使用。）（见图19.1）。

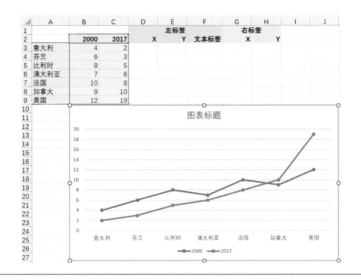

图19.1

2. 默认情况下，Excel将以列为X轴创建一个折线图，我们需要切换行和列。选中图表，然后单击【图表设计】→【切换行/列】（见图19.2）。

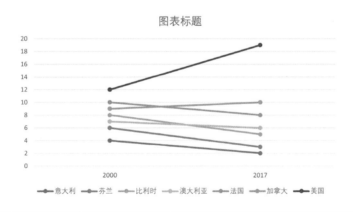

图19.2

3. 现在，斜率图的雏形已经有了，接下来需要添加标签。选择其中一条线，单击鼠标右键，然后在菜单中选择【添加数据标签】。此时，在斜线的两端都添加了一个数据标签。默认情况下，标签靠右对齐，并显示对应的数值。对于右边的数据点，这种放置方法很合适，但是，对于左边的数据点，我们希望标签靠左对齐，且显示国家名称（见图19.3）。

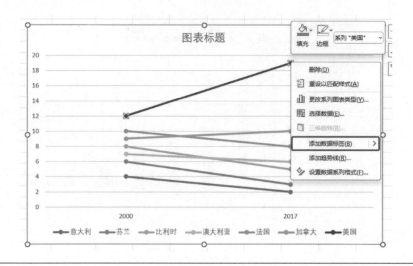

图19.3

4. 要调整左边数据点的标签样式，可以选择数据标签，然后再单击左侧标签，以便单选该标签。（选中后，该标签框的样式将从角上有4个圆的框变为图19.4中边和角上有8个较大圆的框。）选中该标签后，单击鼠标右键并选择【设置数据标签格式】。勾选【系列名称】（【值】保持勾选状态），然后在【标签位置】菜单中选择【靠左】。如果需要，还可以将分隔符从逗号改为空格（见图19.4）。

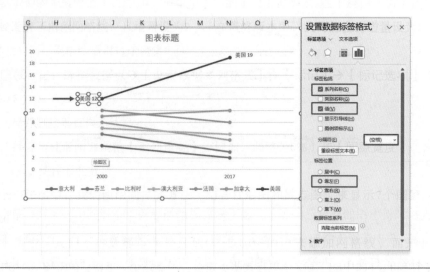

图19.4

5. 接下来就进入单调乏味的阶段：对剩下的每一条线重复这几个步骤。添加数据标签，选中它们，再次单击左侧标签，然后更改格式（见图19.5）。

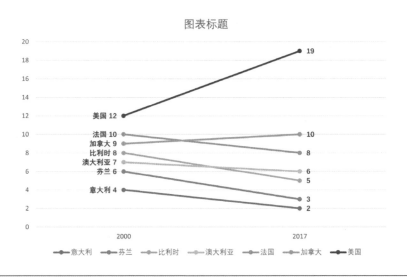

图19.5

6. 把图表扩展到整个横坐标轴。选择X轴并设置坐标轴格式。在【坐标轴选项】下的【坐标轴位置】中选择【在刻度线上】（见图19.6）。

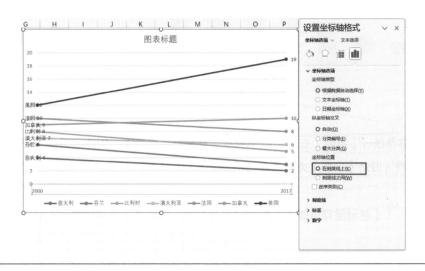

图19.6

7. 这时，【绘图区】会延伸到和【图表区】的宽度相当，且标签位于数据点上。我们可以选中【绘图区】的左边缘并将其向右拖曳，调整标签为右对齐后，继续下一步（见图19.7）。

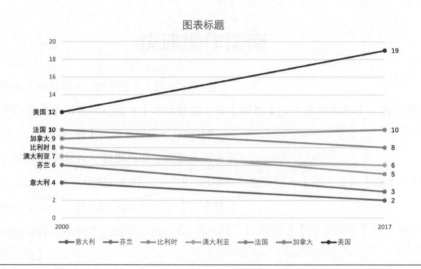

图19.7

8. 最后一步是进行简单的样式调整：删除Y轴标签、图例和网格线（可直接选中对应元素删除），并根据需要设置标题格式。还可以设置标签颜色，以匹配线条的颜色（见图19.8）。

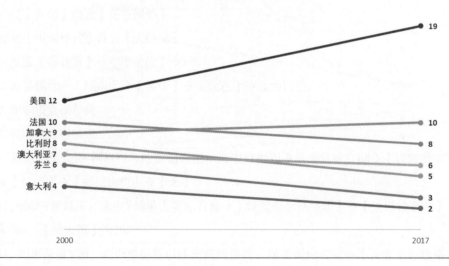

图19.8

方法二: 利用组合图

第二种方法是将折线图和散点图组合。尽管它需要更多的步骤，但我们之前已经使用过这种组合图的技术，相信你也比较熟悉了，而且这种方法在后面的章节中我们也会经常使用。

1. 和第一种方法一样，先选择单元格区域A2:C9创建一个【带数据标记的折线图】，然后单击【图表设计】→【切换行/列】。接着，删除网格线、Y轴标签和图例（见图19.9）。

2. 接下来添加数据标签，我们会用到新的辅助数据列D:H列。

a. D列。我们想要一组与2000年刻度线对齐的标签，也就是在X轴的第一个位置（请回顾第17章），所以在这一列输入1。

b. E列。我们想要2000年的数据值，所以这一列与B列相同。

c. F列。我们希望左边的标签是国家的名字和具体的数值，中间用空格隔开。可以使用一个小的连接函数：=A3&" "&B3，将这三个元素合并在一起。

d. G列。我们希望另一组标签与第二个位置的2017年的刻度线对齐，所以在这一列输入2。

e. H列。这里需要2017年的数值，因此该列与C列相同（见表19.1）。

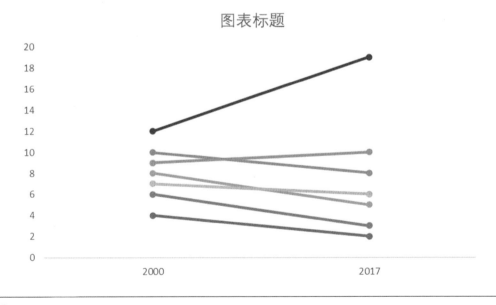

图19.9

表 19.1

	A	B	C	D	E	F	G	H
1				左标签			右标签	
2		2000	2017	X	Y	文本标签	X	Y
3	意大利	4	2	1	4	意大利 4	2	2
4	芬兰	6	3	1	6	芬兰 6	2	3
5	比利时	8	5	1	8	比利时 8	2	5
6	澳大利亚	7	6	1	7	澳大利亚 7	2	6
7	法国	10	8	1	10	法国 10	2	8
8	加拿大	9	10	1	9	加拿大 9	2	10
9	美国	12	19	1	12	美国 12	2	19

3. 添加数据列并制成散点图，用来生成左边的标签。选中图表单击鼠标右键，单击【选择数据】。添加一个新的数据列，引用单元格D1（左标签）作为【系列名称】，单元格区域E3:E9作为【系列值】，单击【确认】后，数据将呈现为折线图。（见图19.10）。

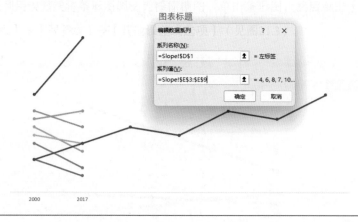

图19.10

4. 把折线图改为散点图。单击【图表设计】→【更改图表类型】→【组合图】，将"左标签"数据列的图表类型改为【散点图】。操作后，Excel可能把其他数据列的图表类型错误地改成条形图，我们需要用下拉菜单再将其他数据列改回用折线图表示。发生这种错误的原因是，有时Excel会回到默认设置。

（如果你用的是macOS操作系统，设置方式有些不同。先选择该数据列，然后到【图表设计】选项卡下的【更改图表类型】中选择【散点图】。）（见图19.11）。

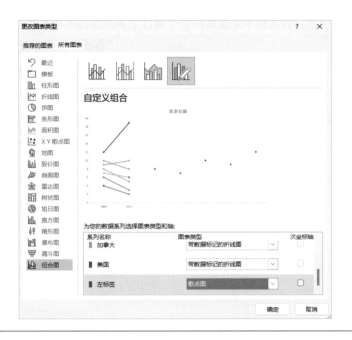

图19.11

5. 因为散点图要设置X轴系列值和Y轴系列值，所以需要返回到数据编辑菜单，并添加X轴系列值。选择图表，单击鼠标右键，单击【选择数据】。向下找到"左标签"数据列，选择【编辑】后会弹出一个对话框，可以在其中设置X轴系列值。引用单元格区域D3:D9作为X轴系列值，然后单击【确定】按钮（见图19.12）。

6. 现在每条折线的左端都新增了一个数据标记，可以通过它们添加数据标签。不过在这之前，我们在右端也把数据标记添加好。返回【选择数据】并添加一个新数据列。Excel会提示我们输入X轴系列值和Y轴系列值。因为之前刚刚添加了一个散点图，此时Excel会默认认我们新添加的也是散点图。在对话框中，引用单元格G1为【系列名称】，单元格区域G3:G9为【X轴系列值】，单元格区域H3:H9为【Y轴系列值】，然后单击【确定】按钮（见图19.13）。

7. 现在我们的线条堆积在绘图区的中间，因此在添加标签之前，需要设置X轴的格式，让线条填充整个图表空间。选中X轴，单击鼠标右键（或按Ctrl+1快捷键），然后选择【设置坐标轴格式】→【坐标轴位置】→【在刻度线上】。此时，数据标记与X轴刻度对齐，且折线图横向延展至整个图表区域（见图19.14）。

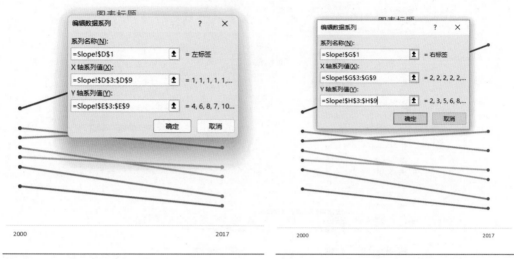

图19.12   图19.13

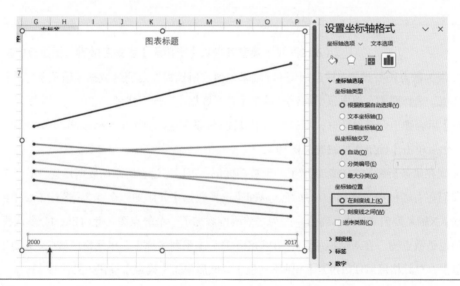

图19.14

8. 选中左侧的数据标记，单击鼠标右键，然后单击【添加数据标签】。接下来设置数据标签格式，选中标签→单击鼠标右键→【设置数据标签格式】→【单元格中的值】→在对话框中引用单元格区域F3:F9。然后，取消勾选【Y值】。在【标签位置】菜单中选择【靠左】（见图19.15）。

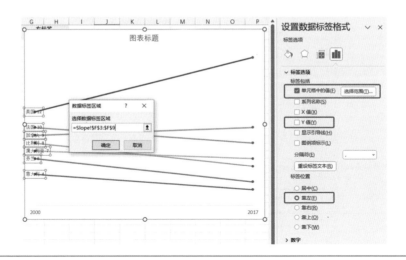

图19.15

9. 和之前一样，因为【绘图区】离【图表区】的边缘太近，所以标签遮挡了数据标记。单击选中【绘图区】左边缘，向右拖动，留出更多的空间，让标签位于数据标记的左侧（见图19.16）。

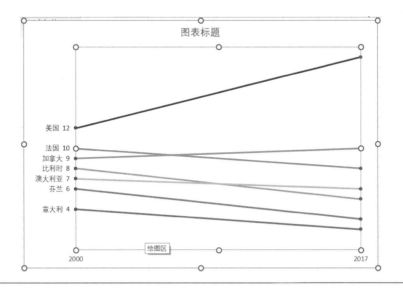

图19.16

10. 接着，添加其他数据标签。选中右侧的数据标记并选择【添加数据标签】。在这种情况下，默认将Y值放置在数据标记的右侧，所以不需要再做额外的调整（见图19.17）。

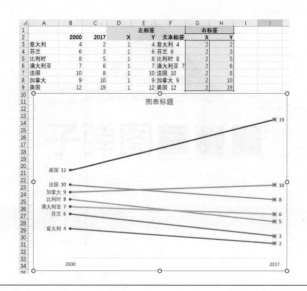

图19.17

11. 最后，再调整一下样式。

a. 如果需要的话，可以移除折线右端的数据标记点，但由于标签与数据标记相关联，因此不能直接删除。可以通过【标记】➔【标记选项】➔【无】的操作来隐藏。也可以选择保留折线末端的数据标记点。

b. 最后，可以修改折线或标签的颜色以形成视觉上的统一。图19.18的版本中，每个国家使用了不同的颜色，而图19.19的版本中，我们用一种颜色代表增加，另一种颜色代表减少。

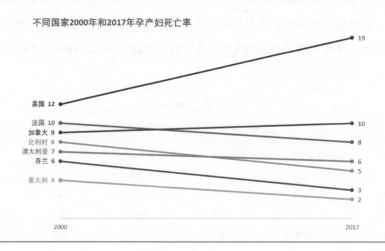

图19.18

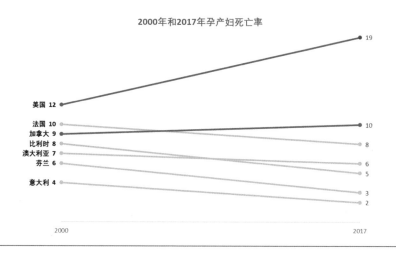

图19.19

快速操作指南

方法一：

1. 选择单元格区域A2:C9并插入【带数据标记的折线图】。

2. 切换图表布局：【图表设计】→【切换行/列】。

3. 选择一条折线，单击鼠标右键，然后【添加数据标签】。

4. 仅选择左侧数据标签，单击鼠标右键，选择【设置数据标签格式】，然后进行以下三项调整：

a.【标签包括】→【系列名称】和【值】。

b. 将分隔符改为空格。

c. 将【标签位置】设为【靠左】。

5. 对于每条折线，重复"添加数据标签"和"设置格式"的步骤（步骤3和4）。

6. 删除图例、Y轴和水平网格线。

7. 设置X轴格式：选中X轴单击鼠标右键→【设置坐标轴格式】→【坐标轴选项】→【坐标轴位置】→【在刻度线上】。

8. 选中【绘图区】左边缘，并向右拖曳调整大小，以使标签处于更合适的位置。

方法二：

1. 整理数据并编写公式。

2. 选择单元格区域A2:C9并插入【带数据标记的折线图】。

3. 切换图表布局：【图表设计】→【切换行/列】。

4. 添加散点图以制作左侧标签：选中图表→单击鼠标右键→【选择数据】→【添加】→【系列名称】：左标签（单元格D1）和【系列值】：单元格区域E3:E9。

5. 将"左标签"数据列改为用散点图表示：

a. 在Windows操作系统中：选择"左标签"数据列→【图表设计】→【更改图表类型】→【组合图】→"左标签"→【散点图】。

b. 在macOS操作系统中：选择"左标签"数据列→【图表设计】→【更改图表类型】→【散点图】。

6. 为"左标签"数据列设置X轴系列值：选中图表→单击鼠标右键→【选择数据】→"左标签"→【编辑】→【X轴系列值】：单元格区域D3:D9。

7. 添加"右标签"数据列：选中图表→单击鼠标右键→【选择数据】→【添加】→【系列名称】：右标签（单元格G1）；【X轴系列值】：单元格区域G3:G9；【Y轴系列值】：单元格区域H3:H9。

8. 为"左标签"数据列添加数据标签并设置标签格式：

a. 选中"左标签"数据列→单击鼠标右键→【添加数据标签】。

b. 选择数据标签→单击鼠标右键→【设置数据标签格式】，然后进行两项调整：

i. 【标签包括】→【单元格中的值】→单元格区域F3:F9（并取消勾选【Y值】）。

ii. 将【标签位置】设为【靠左】。

9. 为"右标签"数据列添加数据标签：选中"右标签"数据列→单击鼠标右键→【添加数据标签】。

10. 设置X轴格式：选中X轴单击鼠标右键→【设置坐标轴格式】→【坐标轴选项】→【坐标轴位置】→【在刻度线上】。

11. 鼠标左键选中【绘图区】左边缘，并向右拖曳调整大小，以使标签处于更合适的位置。

12. 删除图例、Y轴和水平网格线。

第**20**章

带网格线的柱形图 ■ ■

带网格线的柱形图
难度等级: 中级
数据类型: 类别
组合图表: 是
公式使用: 无

带网格线的柱形图就是将网格线覆盖于柱形图上。比起简单的柱形图，这种图通过为柱形分段，让读者可以更直观地感知数据间的差异。该图还让我们可以用更醒目的方式展示平均值和总额。本案例将以较复杂的方法开始创建网格线。然后，在本章最后给出了一个更简单、更有趣的方式来绘制平均值。

本例将结合柱形图和散点图，然后通过在散点图的数据标记上添加水平误差线来模拟网格线。我们将使用2017年的孕产妇死亡率数据来制作图表。

1. 用2017年的数据创建柱形图（单元格区域A2:B9）。删除水平网格线和图表标题（见图20.1）。

2. 为了制作网格线，我们添加一个散点图。其X值等于X轴的中点对应的值，Y值等于希望添加的Y轴水平网格线对应的值。我们将利用它们来添加10条直线，替代原来的Y轴水平网格线。在C列中添加X值，在C3到C12的每个单元格中都输入4。为什么是4？因为Excel将X轴上的值视为位置，而4位于这7个柱形图的中点。在D列中添加Y值，此处添加与水平网格线对应的10个Y值，从2开始，一直到20。

将此新数据列作为散点图插入图表。选中图表单击鼠标右键，然后单击【选择数据】→【添加】。引用单元格C1作为【系列名称】，然后在【系列值】的对话框中引用单元格区域D3:D12，作为散点图的Y值。单击【确定】按钮，就会出现一个簇状柱形图，而且还多了几个柱形（见图20.2）。

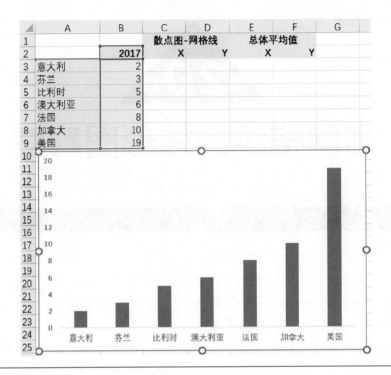

图20.1

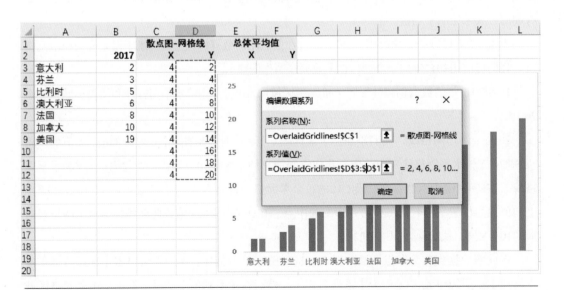

图20.2

3. 在图表中选择"散点图-网格线"数据列，将其改为用散点图表示：【图表设计】→【更改图表类型】→【组合】（见图20.3）。（如果是在macOS操作系统中，选择橙色的柱形，然后单击【图表设计】→【更改图表类型】→【散点图】。）。

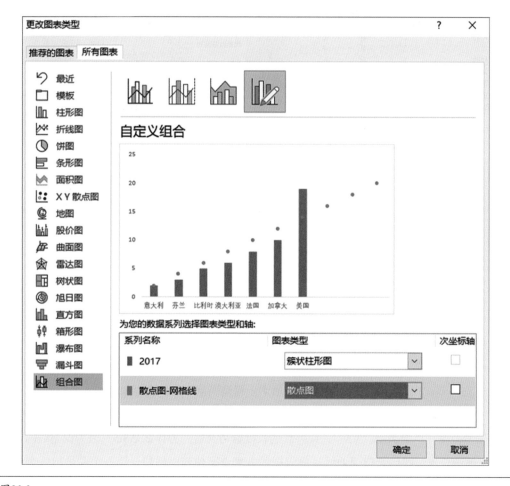

图20.3

4. 目前我们为散点图指定了Y轴系列值，接着为其指定X轴系列值。选中图表单击鼠标右键，然后单击【选择数据】→"散点图-网格线"→【编辑】。在【X轴系列值】对话框中，引用单元格区域C3:C12，单击【确定】按钮（见图20.4）。

5. 现在，散点图覆盖在柱形图上，接着，添加水平误差线。选中散点图中的数据点，然后单击【图表设计】→【添加图表元素】→【误差线】→【其他误差线选项】。默认情况下，

Excel会添加垂直和水平误差线。选中误差线单击鼠标右键，进入【设置误差线格式】面板后，请留意一下是垂直还是水平误差线。

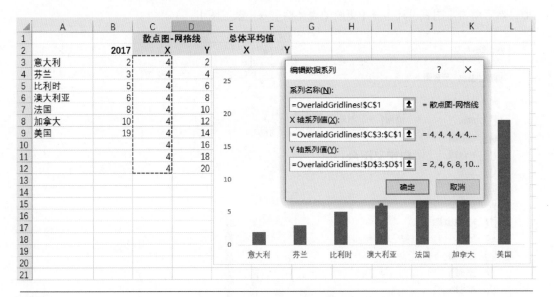

图20.4

6. 调整水平误差线。选中误差线（单击鼠标右键或按Ctrl+1快捷键）以进入【水平误差线】设置界面，进行以下调整：

a. 把【末端样式】设为【无线端】。

b. 在底部，找到【误差量】→【固定值】。调整误差线的长度，如果输入"3"，误差线不能完全延伸到第一根或最后一根柱形图的两端。如果输入"4"，误差线又会延伸得太长，超出图表范围。但如果用"3.5"，误差线的长度恰巧合适。为什么是3.5？因为误差线的长度对应X轴的位置，我们希望误差线从散点图的数据点延伸到刚好超过第一个和最后一个柱形图，这意味着需要将误差线延伸略多于三个位置，以刚好看不到误差线的端线。

（或者，可以使用【自定义】选项并在数据表中指定数据，但在本例中，可以直接输入数字。）（见图20.5~图20.7）。

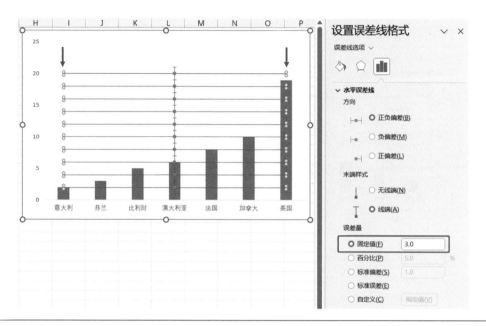

图20.5

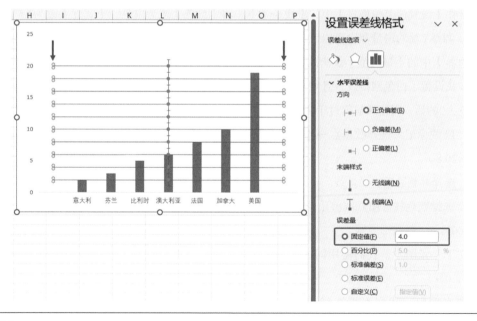

图20.6

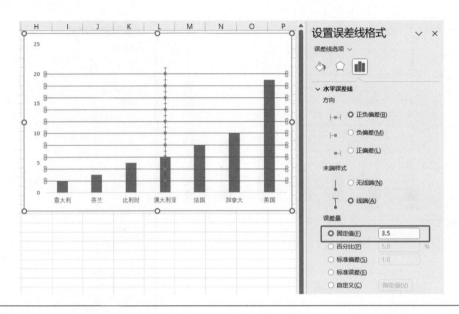

图20.7

7. 接着进行一些样式调整：

a. 在【设置误差线格式】中的【线条】下，将【颜色】改为白色，【宽度】改为1.5磅。

b. 调整Y轴的增量和边界以匹配新的"网格线"。选中Y轴，单击鼠标右键以设置格式，把【边界】中的【最大值】设为20，【单位】中的【大】设为2。在本例中，为了让你看得更清楚，我设置了白色网格线，且增量设为2。（在最终版本中，我可能会将增量设为5。因为将增量设为2的话，网格线显得过于密集。）

c. 隐藏标记：选择数据点→【设置数据系列格式】→【标记】→【标记选项】→【无】（见图20.8）。

d. 选择并删除垂直误差线。

e. 选择蓝色柱形图并调整【系列重叠】（例如，调整为0%）和【间隙宽度】（例如，调整为100%），使柱形变宽。

在下一张图中，我们使用同样的方法（结合柱形图和散点图）来显示7个国家的平均线（见图20.9）。

在本例中，我们不再选择单元格区域C3:D12中的值来添加网格线，而是利用公式"=AVERAGE(B3:B9)"创建一个散点图，该散点图具有单个X值（E3中的4）和单个Y值（F3中的7.6），该值等于单元格区域B3:B9中所有值的平均值。

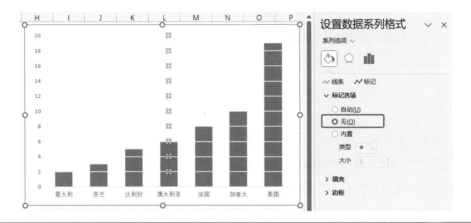

图20.8

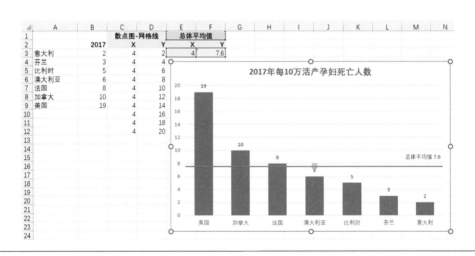

图20.9

选中图表单击鼠标右键，【选择数据】→"总体平均值"→【编辑】，然后在【X轴系列值】中引用单元格E3，【Y轴系列值】引用单元格F3。单击两次【确定】按钮，然后把误差线改为【实线】并调整颜色。

接着，添加一个数据标签（选中散点图单击鼠标右键→【添加数据标签】），并移到图的右侧，这样它就不会干扰澳大利亚柱形图上方的标签。

其他注意事项。首先，我选择使用散点图而不是折线图，因为折线图中的线条只能延伸到柱形图的中间。如果使用折线图，需要将其设为次坐标轴，但我认为使用散点图更为简便。其次，散点图的数据点也可以位于两边，并使用正误差线或负误差线。我喜欢把它们放在中间，因为我觉得这样线条的长度更容易控制。

快速操作指南

1. 选择单元格区域A2:B9并插入【簇状柱形图】。

2. 选中图表→单击鼠标右键→【选择数据】→【添加】→【系列名称】：散点图-网格线（单元格C1），【系列值】：单元格区域D3:D12。

3. 将"散点图-网格线"数据列改为用散点图表示：

a. 在Windows操作系统中：选择"散点图-网格线"数据列→【图表设计】→【更改图表类型】→【组合图】→"散点图-网格线"→【散点图】。

b. 在macOS操作系统中：选择"散点图-网格线"数据列→【图表设计】→【更改图表类型】→【散点图】。

4. 为"散点图-网格线"数据列设置X轴系列值：选中图表→单击鼠标右键→【选择数据】→"散点图-网格线"→【编辑】→【X轴系列值】：单元格区域C3:C12。

5. 为"散点图-网格线"数据列添加误差线：选中图表→【图表设计】→【添加图表元素】→【误差线】→【其他误差线选项】。

6. 设置水平误差线格式：选择误差线→单击鼠标右键→【设置误差线格式】→

a. 把【方向】设为【正负偏差】。

b. 把【末端样式】设为【无线端】。

c. 设置【误差量】→【固定值】→3.5。

d. 设置颜色：【线条】→【实线】→【颜色】→改为白色。

7. 删除垂直误差线。

8. 删除现有网格线。

9. 隐藏"散点图-网格线"的数据标记：选中数据列→单击鼠标右键→【设置数据系列格式】→【标记】→【标记选项】→【无】。

10. 编辑Y轴范围：选中Y轴单击鼠标右键→【设置坐标轴格式】→【坐标轴选项】→【最小值】为0，【最大值】为20。

11. 如果保留Y轴，则调整标签以匹配新网格线：单击鼠标右键→【设置坐标轴格式】→【边界】→【单位】→【大】→2。

棒棒糖图 ■■

棒棒糖图			
难度等级: 中级			
数据类型: 类别			
组合图表: 无			
公式使用: 无			

棒棒糖图本质上就是条形图，只不过其末端被一个点（糖果）取代，而条形部分被一条线（棒）取代。棒棒糖图更精简，可以让读者更关注数据点所处的位置。我们依然使用上一章的数据来制作棒棒糖图。

1. 选中单元格区域A1:B8，插入条形图。注意，Excel会把表中最下面一行（美国）的数据放在图表的顶部（见图21.1和图21.2）。

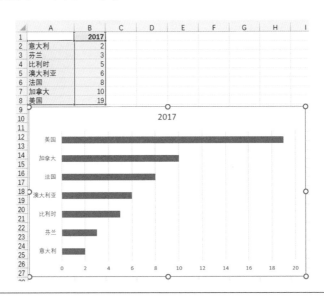

图21.1

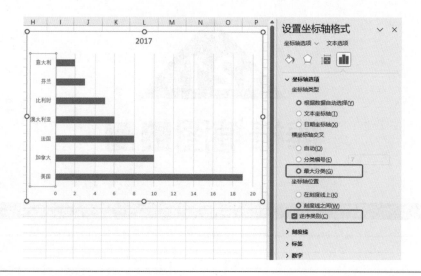

图21.2

3. 接下来利用误差线将条形图调整为棒棒糖图。单击条形图，然后单击【图表设计】→【添加图表元素】→【误差线】→【其他误差线选项】（见图21.3）。

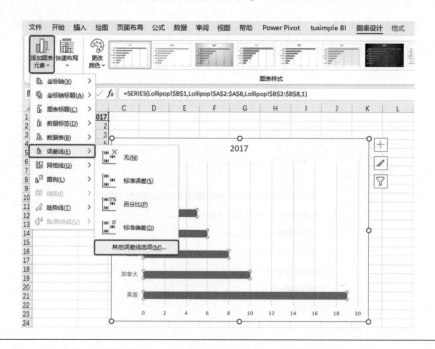

图21.3

4. Excel会自动在条形图的右端向左右两个方向添加水平误差线，然后，我们进入【水平误差线】菜单，对其进行如下调整：

a. 把【方向】设为【负偏差】。

b. 把【末端样式】设为【无线端】。

c. 选择【误差量】→【百分比】→输入100%。该步骤将创建一个延伸到Y轴的水平误差线（见图21.4）。

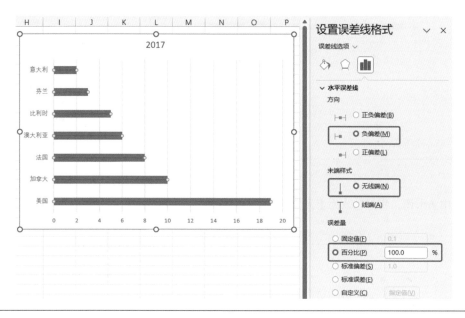

图21.4

5. 接着，在误差线的末端添加点，选择油漆罐图标，把【开始箭头类型】改为椭圆形，并在【开始箭头粗细】中调整箭头的尺寸（如有需要）（见图21.5）。

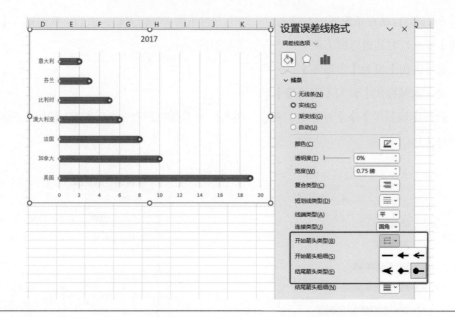

图21.5

选中条形图,将颜色改为【无填充】以将其隐藏(见图21.6)。

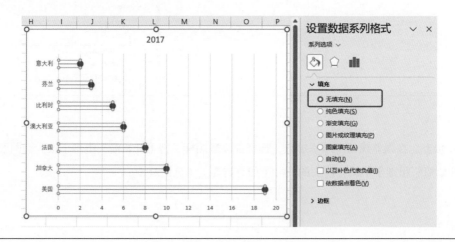

图21.6

6. 最后,在【设置误差线格式】菜单中的【线条】处调整误差线的颜色,此处的点和线只能使用相同的颜色(见图21.7)。如果想更灵活地调整点的大小,或者希望点和线的颜色不同,可以使用简单的散点图和误差线来制作这个图表(见第18章点状图案例)。

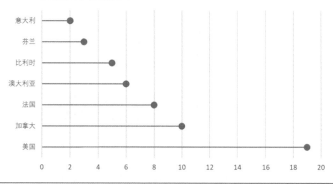

图21.7

快速操作指南

1. 选择单元格区域A1:B8并插入【簇状条形图】。

2. 设置纵坐标格式：

a.【设置坐标轴格式】→【坐标轴选项】→【逆序类别】。

b.【设置坐标轴格式】→【坐标轴选项】→【横坐标轴交叉】→【最大分类】。

3. 选择条形图并添加误差线：【图表设计】→【添加图表元素】→【误差线】→【其他误差线选项】。

4. 设置误差线格式：选择误差线→单击鼠标右键→【设置误差线格式】（译者注：中文版Excel中单击鼠标右键显示的是【设置错误栏格式】）→

a. 把【方向】设为【负偏差】。

b. 把【末端样式】设为【无线端】。

c. 设置【误差量】→【百分比】→100%。

5. 更多样式调整（油漆罐图标）：

a. 把【开始箭头类型】改为圆形。

b. 把【开始箭头粗细】改为最大。

6. 调整条形图的颜色：选中条形图单击鼠标右键→【设置数据系列格式】→【填充】→【无填充】。

第22章

子弹图 ■ ■ ■

子弹图
难度等级: 高级
数据类型: 类别
组合图表: 无
公式使用: MAX, AVERAGE, MATCH, TEXT, CHAR, &

　　子弹图在同时进行多值比较时更具优势。典型的子弹图至少包括五个数据列：一个观测（实际）值、一个目标值和三个（或更多）范围（例如，差、良和优）。我发现金融服务领域经常使用子弹图，因为它们可以让投资者直观地比较实际回报、目标回报和一系列预期回报。

　　本例将使用美国国家橄榄球联盟（NFL）史上排名前五的接球手（Jerry Rice, Larry Fitzgerald, Terrell Owens, Isaac Bruce和Randy Moss）的接球码数。表中包含每个球员在其职业生涯中每年的接球码数。在本案例中，我们用堆积条形图和辅助轴来创建一个垂直的子弹图。

　　1. 在制图前，需要整理用于制图的数据。根据单元格A1:F37中的原始数据，通过一些公式计算出需要用于制图的值，并将相关数据放在A38:F46这些带颜色填充的单元格中（见表22.1）。

表 22.1

	A	B	C	D	E	F
38		Jerry Rice	Larry Fitzgerald	Terrell Owens	Isaac Bruce	Randy Moss
39	0~500	500	500	500	500	500
40	500~1,000	500	500	500	500	500
41	1,000~1,500	500	500	500	500	500

续表

	A	B	C	D	E	F
42	1,500~2,000	500	500	500	500	500
43	最佳	1,848	1,431	1,451	1,781	1,632
44	平均	1,145	1,029	1,062	951	1,143
45	最佳年份	1995	2008	2000	1995	2003
46	标签	1,848 (1995)	1,431 (2008)	1,451 (2000)	1,781 (1995)	1,632 (2003)

- 数据的前四行（单元格区域 A39:F42）是数据范围，以 500 码为增量。可以在这 20 个单元格中输入数字 500。数据范围的增量可以是你喜欢的任意值，四分位数或五分位数都可以，就这张图而言，500 码的增量直观而简单。

- 数据的第五行（最佳）是球员的个人最好成绩，可以用一个简单的 MAX 函数提取该数值。比如 Jerry Rice，我们在单元格 B43 中输入公式 =MAX(B2:B37)，其返回值为 1,848。

- 第六行（平均）是球员的平均接球码数。依然以 Jerry Rice 为例，在 B44 中输入公式 =AVERAGE(B2:B37)，其返回值为 1,145。

- 第七行（最佳年份）将被用于填入第八行（标签）来制作自定义标签。第七行我们将使用一个之前在第五章没有提到过的函数"MATCH"。这个函数用来查找相关数值对应的行数。对于 Jerry Rice，可以在单元格 B45 中输入以下公式：

=MATCH(B43,B2:B37,0)+1984

（译者注：如果你的Excel是365订阅版或2021及以上版本，你也可以用XLOOKUP函数 =XLOOKUP(B43,B2:B37,$A$2:$A$37)直接查找最佳码数对应的年份。）

该公式在单元格B2:B37中查找B43的值，B43是Jerry Rice的最好成绩1,848码。公式最后的0是要求Excel进行精确查找。虽然Jerry Rice取得最好成绩的年份是1995年，但MATCH函数只能返回该数值所在的位置，即第11行。为了得到Jerry Rice获得最好成绩的实际年份，我们用1984（数据开始前一年）加上11（该年份处于第几行），得到最好成绩的年份为1995年。

- 最后，在数据的最后一行创建一个标签，该标签包含两个信息：最好成绩和取得最好成绩的年份。这样做是有价值的。在单元格 B46 中输入公式：

=TEXT(B43,"#,##0")&CHAR(10)&"("&B8&")"

虽然看上去很长，但这个公式非常基础，它的三个主要部分通过连接符（&）组合起来，下面分别做些说明：

- TEXT(B43,"#, ##0")。对于接球码数，我们希望按千分位显示，即数字格

式 #,##0。但如果直接引用 B43，千分符会被取消，因此，我们使用 TEXT 函数将 B43 中的数值转换成文本，并设置格式。

- CHAR(10)。这是一个小技巧，用于在两个值之间添加换行符，将第一个值（码数）和第二个值（年份）分成两行显示。如果单元格中年份没有换到下一行显示也没关系，因为它在图表中会分行显示。要是你想在单元格里就查看分行显示的效果，你可以选中单元格，然后在【开始】选项卡下的【对齐方式】菜单中单击【自动换行】。

- "("&B45&")"。这里连接了三个内容，左括号、B45（最好成绩的年份）和右扩号。

这个看起来有些复杂的公式最终的目的就是让两个数字分行显示（见图22.1和表22.2）。

| SUM | ⌄ | ⋮ | × ✓ ƒx | =TEXT(B43,"#,##0")&CHAR(10)&"("&B45&")" |

图22.1

表 22.2

	A	B	C	D	E	F
38		Jerry Rice	Larry Fitzgerald	Terrell Owens	Isaac Bruce	Randy Moss
39	0–500	500	500	500	500	500
40	500–1,000	500	500	500	500	500
41	1,000–1,500	500	500	500	500	500
42	1,500–2,000	500	500	500	500	500
43	最佳	1,848	1,431	1,451	1,781	1,632
44	平均	1,145	1,029	1,062	951	1,143
45	最佳年份	1995	2008	2000	1995	2003
46	标签	1,848 (1995)	1,431 (2008)	1,451 (2000)	1,781 (1995)	1,632 (2003)

2. 好了，现在可以开始制作图表了。首先，用单元格区域A38:F44中的数据创建一个堆积柱形图（见图22.2）。

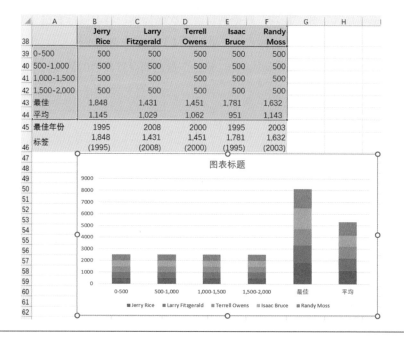

	Jerry Rice	Larry Fitzgerald	Terrell Owens	Isaac Bruce	Randy Moss	G	H
39 0-500	500	500	500	500	500		
40 500-1,000	500	500	500	500	500		
41 1,000-1,500	500	500	500	500	500		
42 1,500-2,000	500	500	500	500	500		
43 最佳	1,848	1,431	1,451	1,781	1,632		
44 平均	1,145	1,029	1,062	951	1,143		
45 最佳年份	1995	2008	2000	1995	2003		
46 标签	1,848 (1995)	1,431 (2008)	1,451 (2000)	1,781 (1995)	1,632 (2003)		

图22.2

3. 我们希望柱形图按接球手分类排列，因此，需要转换行列的顺序：【图表设计】→【切换行/列】（见图22.3）。

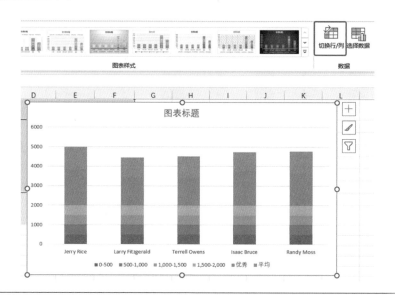

图22.3

4. 接着，把"最佳"和"平均"数据列切换到次坐标轴，单击鼠标右键（或按Ctrl+1快捷键），选择底部的【设置数据系列格式】（见图22.4）。（译者注：你也可以只将"平均"数据列切换到次坐标轴，因为在第8步中会为"最佳"数据列设置其他的格式。）

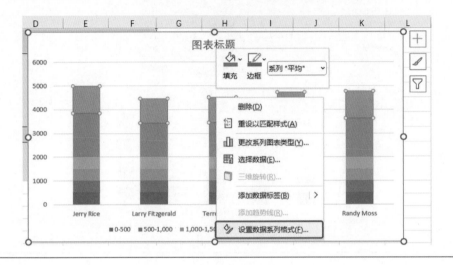

图22.4

5. 选择"平均"数据列，在【设置数据系列格式】中选择【次坐标轴】（见图22.5）。

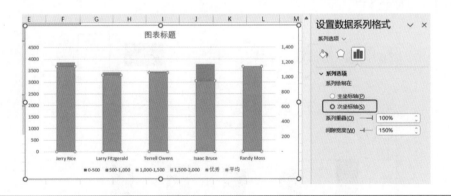

图22.5

6. 将第一个数据列切换到次坐标轴后，可能会导致其他数据列被覆盖，无法选中它们。我们可以通过【格式】➔【当前所选内容】的下拉菜单，选择相应的数据列（见图22.6）。

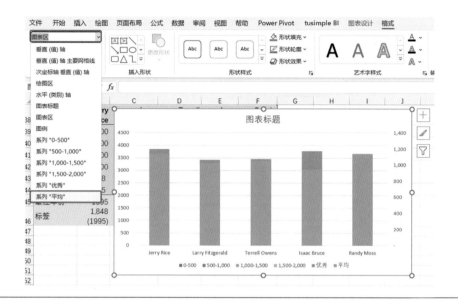

图22.6

7. 接下来，选中柱形图，然后选择【设置数据系列格式】→【间隙宽度】→400%。由于我们将两个数据列放在次坐标轴上，导致它们位于其他数据列的上层。为了能看到后面的柱形图，需要调整间隙宽度，让最上层的柱形图更窄些，露出被遮挡的数据列的柱形图（见图22.7）。

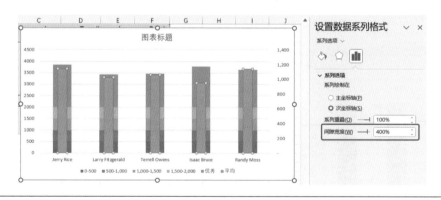

图22.7

8. 接下来，把"最佳"数据列（蓝色的柱形）改为用【散点图】表示，以生成标签。选中"最佳"数据列，然后选择【图表设计】→【更改图表类型】→【组合图】（见图22.8）。

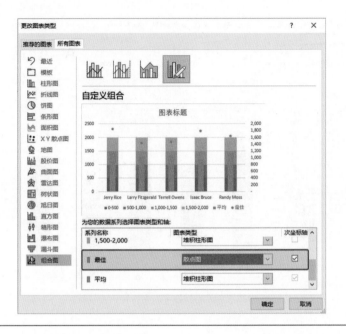

图22.8

9. 接着，调整一下散点图的样式，让数据标记用线条而不是点来表示。有两种方式可以实现：

a. 调整数据标记的样式。选中数据标记单击鼠标右键，调出【设置数据系列格式】面板，在【标记】→【标记选项】→【内置】→【类型】中选择"短划线"，然后调整标记的大小（见图22.9）。

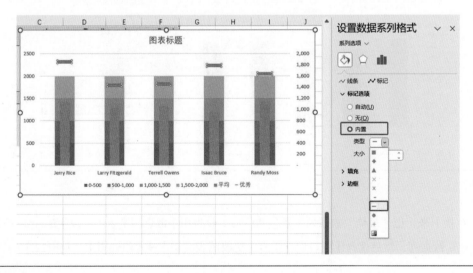

图22.9

b. 另一种方式是添加水平误差线。选中散点图的数据标记，选择【添加图表元素】→【误差线】→【其他误差线选项】。删除垂直误差线，并调整水平误差线：

i.【方向】选择【正负偏差】。

ii. 把【末端样式】设为【无线端】。

iii. 把【误差量】的【固定值】设为0.2。

c. 调整水平误差线的样式：

i. 在【线条】菜单下调整【宽度】。

ii. 在【颜色】中调整线条色彩（见图22.10）。

暂时不要隐藏数据标记，这样在添加数据标签时会更方便。

10. 由于使用了次坐标轴，目前两个Y轴的范围并不一致。为了让数据保持一致，我们调整两个Y轴的范围，将它们都改成0~2000（见图22.11）。

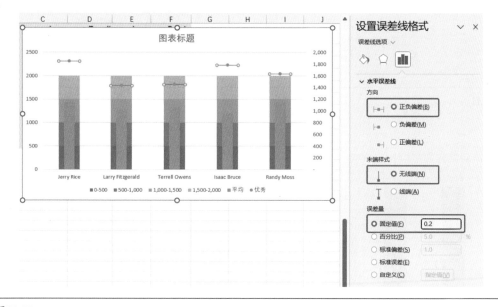

图22.10

11. 这张图表上可以在很多地方添加标签。不过，我们只需在"平均"数据列（较细的柱形图）和"最佳"数据列（数据标记/误差线）上添加标签。对于"平均"数据列，单击鼠标右键，然后单击【添加数据标签】，选中数据标签。接着再单击鼠标右键→【设置数据标签格式】→【标签位置】→【数据标签内】（见图22.12）。

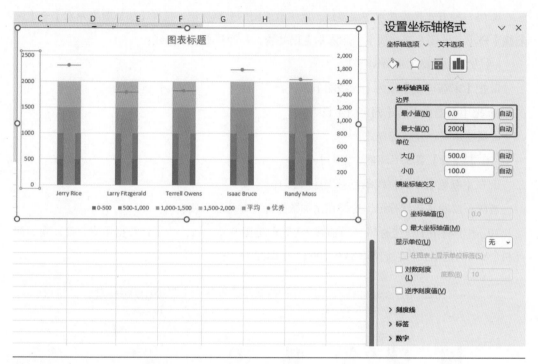

图22.11

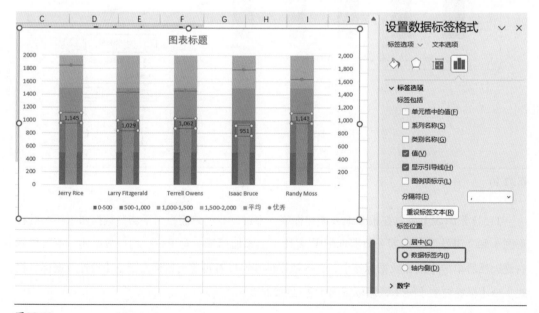

图22.12

对于"最佳"数据列，我们会利用之前在第46行创建的标签，选中数据标记/误差线，单击鼠标右键，选择【添加数据标签】，选中数据标签单击鼠标右键，在【标签包括】下勾选【单元格中的值】，并引用单元格区域B46:F46。标签将分行显示，这是因为我们因为之前用CHAR(10)在公式中插入了换行符。然后取消【Y值】的勾选。最后，把【标签位置】改为【靠上】（见图22.13）。

12. 现在可以进行样式优化了：

a. 隐藏数据标记：选中数据标记→单击鼠标右键→【设置数据系列格式】→【标记】→【标记选项】→【无】。

b. 调整误差线的样式。进入【设置误差线格式】菜单，调整误差线的颜色和粗细（我设置为2磅）。

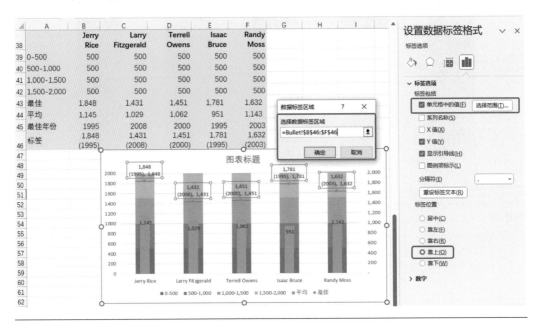

图22.13

c. 删除图例。

d. 把Y轴的增量改为500。可以选择删除或保留次坐标轴，本例中我觉得保留次坐标轴的效果挺好。

e. 调整各个数据列的颜色。我为背景柱形图使用了不同深浅的灰色。

f. 更新标题。我增加了一个副标题，用来说明不同颜色各代表哪个数据列。还可以手动移动一些数据标签，让它们更协调，比如我把Jerry Rice和Isaac Bruce的标签移到了数据标记的下方。

在最终的图表中，可以清楚地看到，五名接球手中，Jerry Rice的个人最好成绩排名第一，而且平均接球码数也最高；而尽管Isaac Bruce个人最好成绩排名第二，但他的平均接球码数低于其他接球手（见图22.14）。

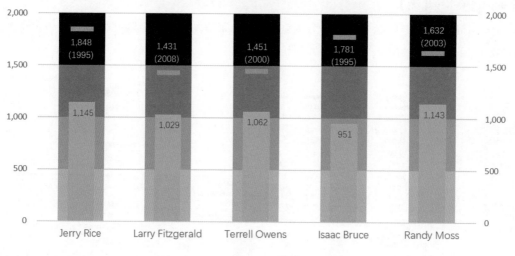

图22.14

快速操作指南

1. 整理数据并编写公式。

2. 选择单元格区域A38:F44，插入【堆积柱形图】。

3. 切换图表顺序：【图表设计】→【切换行/列】。

4. 将"最佳"和"平均"数据列切换到次坐标轴：选择中对应数据列→单击鼠标右键→【设置数据系列格式】→【次坐标轴】。

5. 调整"平均"数据列的宽度：选中"平均"数据列单击鼠标右键→【设置数据系列格

式】→【系列选项】→把【间隙宽度】设为400%。

6. 将"最佳"数据列改为用散点图表示：

a. 在Windows操作系统中：选择"最佳"数据列→【图表设计】→【更改图表类型】→【组合图】→"最佳"→【散点图】。

b. 在macOS操作系统中：选择"最佳"数据列→【图表设计】→【更改图表类型】→【散点图】。

7. 将"最佳"数据列散点图的数据标记改为短划线：

a. 方法1。调整数据标记格式：选中数据列→单击鼠标右键→【设置数据系列格式】→【标记】→【标记选项】→【内置】→选择"短划线"形状并调整大小。

b. 方法2。添加误差线：选择数据标记→【图表设计】→【添加图表元素】→【误差线】→【其他误差线选项】。设置水平误差线的样式：

i.【方向】选择【正负偏差】。

ii. 把【末端样式】设为【无线端】。

iii. 把【误差量】的【固定值】设为0.2。

c. 隐藏"最佳"数据列的数据标记：选中"最佳"数据列单击鼠标右键→【设置数据系列格式】→【标记】→【标记选项】→【无】。

d. 删除垂直误差线（可能需要用到【格式】→【当前所选内容】菜单）。

8. 编辑主、次纵坐标轴的范围，分别选中主、次纵坐标轴，并进行以下操作：

a. 单击鼠标右键→【设置坐标轴格式】→【边界】→【最小值】为0，【最大值】为2000。

b. 单击鼠标右键→【设置坐标轴格式】→【边界】→【单位】→【大】→500。

瓷砖网格地图 ■ ■ ■

瓷砖网格地图		
难度等级: 高级		
数据类型: 地理空间		
组合图表: 无		
公式使用: VLOOKUP, MIN, MAX		

在标准地图上展示数据时，地理单位（例如州或国家）的面积大小不一定与数值的重要性成正比。以美国为例，阿拉斯加州和蒙大拿州是面积非常大的州，占全国总面积的20%，但人口不多，仅占全国总人口的1%。 瓷砖网格地图试图用大小统一的形状（通常是正方形）来解决这种矛盾，并将这些形状摆放成地图的样子。在Excel中可以很容易地制作瓷砖网格地图，但需要前期花一些时间设置单元格格式并编写公式。

这种瓷砖网格地图最大的问题是——它只是"近似"于实际的地理位置。这种"近似"使它们有时无法达到令人满意的效果。例如，图23.1中我创建的世界网格图，实际上没有多大意义。这种图的优点是能够让我们在一张图上就能看到所有的国家或地区。但另一方面，这些国家或地区的位置放置有些粗糙，大多数情况下，将所有形状放置在合理而接近的位置几乎是不可能的。

在本节中，我们将制作两种不同的瓷砖网格地图——一个是单一值的标准网格图，另一个是由多个值以及斜率图构成的网格图。第一张网格图中，我们使用的数据是2020年美国总统选举中未投票人的比例，第二张图则使用了1976年和2020年投票给民主党和共和党的比例。

在本书的在线资源中有两个设置好格式的网格图，因此你可以略过烦琐的格式设置步骤，直接使用它们。该图的数据表中包含了公式和格式设置。按照本教程，你可以根据自己的地区、国家、城市或任何你认为可行的地理位置来创建瓷砖网格地图。

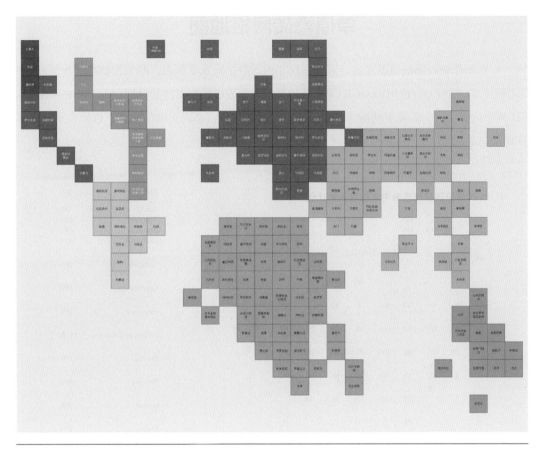

图23.1

默认地图

在创建瓷砖网格地图之前，我们可以用Excel内置的图形功能创建一个标准的地图图表作为比较。单元格区域A1:B52中是2020年未投票比例和各州的名称。

1. 选中数据并在【插入】选项卡的【图表】处单击【地图】。

2. Excel会插入一张带有数据的美国地图，选中图表单击鼠标右键并进入【设置数据系列格式】菜单，可以调整地图投影、标签的显示方式、颜色等。

单值瓷砖网格地图

1. 在制作瓷砖网格地图之前，需要使用相同的数据设置数据表。我们把数据放在第P列和第Q列（可以在第Q列使用VLOOKUP公式从其他工作表中提取不同的数据列），并在第B列到第L列中设置公式，需要手动操作的步骤包括设置单元格、指向正确的数据，以及设置标签的格式（见图23.2）

	A	B	C	D	E	F	G	H	I	J	K	L	M	N	O	P	Q	R
1		**2020年美国总统选举中未投票人的比例**														Alabama	39%	
2																Alaska	35%	
3		25%			49%											Arizona	42%	
4		25%	33%	41%	49%											Arkansas	48%	
5																California	43%	
6		AK									ME					Colorado	29%	
7						WI			VT	NH						Connecticut	36%	
8		WA	ID	MT	ND	MN	IL	MI		NY	MA					Delaware	35%	
9		OR	NV	WY	SD	IA	IN	OH	PA	NJ	CT	RI				District of Columbia	41%	
10		CA	UT	CO	NE	MO	KY	WV	VA	MD	DE					Florida	37%	
11			AZ	NM	KS	AR	TN	NC	SC	DC						Georgia	39%	
12					OK	LA	MS	AL	GA							Hawaii	48%	
13		HI			TX					FL						Idaho	37%	
14																Illinois	39%	
15																Indiana	42%	

图23.2

2. 要设置地图的格式，先要调整行和列的大小，使单元格成为正方形。在本例中，我把列宽和行高都设置为36像素。

3. 接着，对地图中的每个单元格进行两项设置：引用每个州的数据，以及设置单元格的格式。以B6单元格中的Alaska为例。该单元格中的公式相当简单，即"=Q2"，直接引用Q2的数据。但若我们不想显示数值，而是显示州缩写（"AK"），则需要通过设置单元格的格式完成。单击鼠标右键➔【设置单元格格式】➔【数字】➔【自定义】➔在【类型】框中输入"\AK"，然后单击确定（反斜杠的作用是显示单元格中的文本，而不是数字；请参阅第4章中的数字格式部分）（译者注：若你使用的是中文版Excel，输入"\AK"后显示的是"!AK"，后续正常操作即可）。在这一步中，我们将用州的缩写替代具体数据值。我已经在Excel练习文件中进行了这个设置，你可以将同样的技术运用到自己的网格地图中（见图23.3）。

图23.3

　　将数据值显示为各州缩写的操作比较烦琐。需要单击每个州，引用对应数值，并手动更改格式以插入各州的缩写。如果你要制作自己的瓷砖网格地图，也需要用类似的方法调整行高和列宽以创建正方形，然后引用数值，并调整单元格的格式。

　　4. 我们将通过【条件格式】功能来制作网格图。首先，在顶部设置生成图例的数据，即为单元格区域B4:E4分配相应数值。

　　创建一个从最小值到最大值的线性比例作为图例。在单元格B4中，用MIN（最小值）函数找出数据中的最小值。在B4中输入公式"=MIN(Q1:Q51)"。在单元格E4中，用MAX（最大值）函数找出数据中的最大值，即在E4中输入公式"=MAX(Q1:Q51)"（见图23.4）。

　　设置另外两个单元格（C4和D4）的值，只需要一些简单的数学知识。我想让同一行中B列到E列的四个点落在一条直线上，因此需要计算该直线的斜率，它等于Y的变化除以X的变化。在单元格C4中，输入公式"=B4+($E$4-$B$4)/3"。该公式是将最大值和最小值的差（Y的变化）除以3（X的变化）加上B4。这个公式使用了绝对引用，可以直接将其复制到单元格D4

中。现在，这一行单元格中有四个值：25%、33%、41%和49%，如果用它们绘制折线图，看起来就是一条直线（见图23.4）。

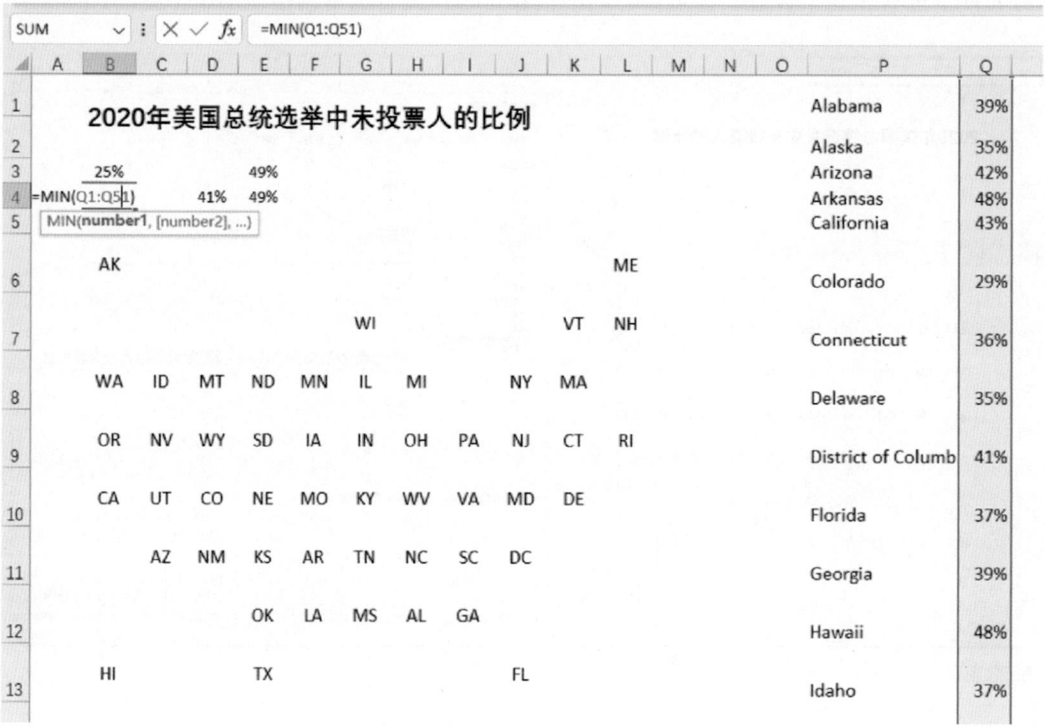

图23.4

5. 接下来用【条件格式】功能，根据数值来分配颜色。选中包括地图和图例在内的所有单元格（单元格区域B4:L13），然后进入【开始】→【条件格式】→【色阶】→【其他规则】（如果你忘记如何设置，可以回顾第8章）。接下来选择颜色，我们用浅色表示【最低值】，深色表示【最高值】，然后单击【确定】按钮（见图23.5）。

6. 当填充颜色为深色时，可以手动将对应州的标签文本颜色改为白色，或用条件格式功能调整。这里我们通过设置条件格式，把值大于40%的州标签的文本颜色改为白色。选中单元格（单元格区域B4:L13），然后单击【开始】→【条件格式】→【突出显示单元格规则】→【大于】。在弹出的窗口中，输入0.4。

接下来，选择【自定义格式】→【字体】→【颜色】，在下拉菜单中将文本颜色改为白色。单击两次【确定】按钮（见图23.6）。

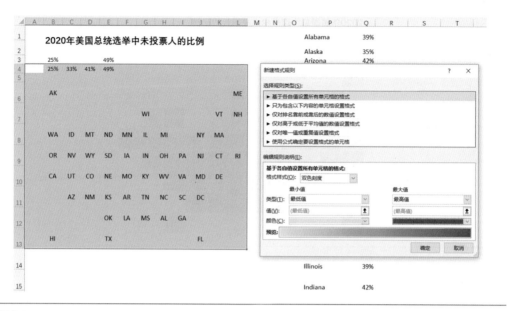

图23.5

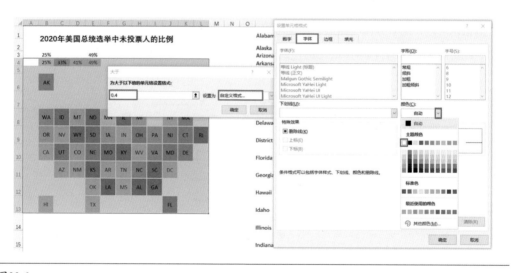

图23.6

7. 最后，如果不想在图例中显示数字，可以用第8章中的数字格式设置技巧：单击鼠标右键➜【设置单元格格式】➜【数字】➜【自定义】，并在【类型】框中输入三个分号（;;;）。可以在图例上方的空单元格中输入数字或用公式添加想要的数值（见图23.7）。

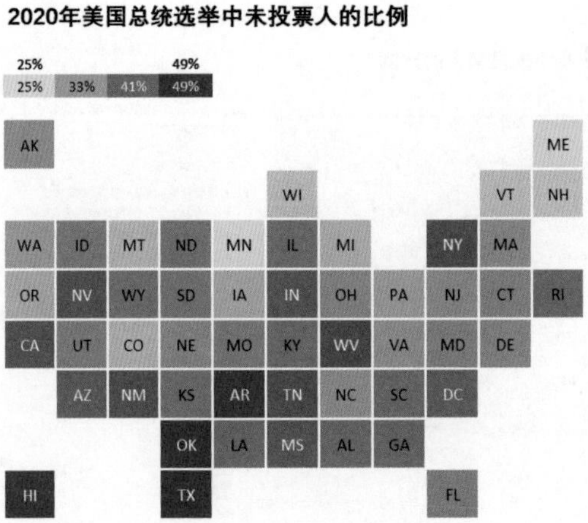

2020年美国总统选举中未投票人的比例

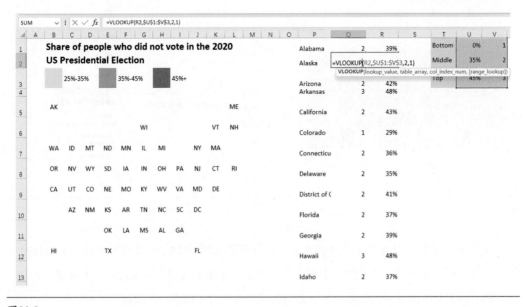

图23.7

8. 最后，我们还可以创建非连续性网格图。比如，把数据分成三组——25%~35%；35%~45%；45%及以上。然后，重置地图中的数据并更改条件格式规则。

在图23.8中，我将未投票的百分比移到了R列，而Q列是各州引用的内容。我用1、2和3这三个数值来对应三组百分比。当然，你也可以选择手动操作。这里我们使用VLOOKUP函数的近似匹配功能来查找U1:V3列中的比例，以获得对应的数字，更多信息请参阅第5章。

图23.8

9. 通过【条件格式】→【突出显示单元格规则】→【等于】来设置填充和字体颜色。图例格式在这里有些变化，可以通过调整行/列的大小和输入数据标签来处理。我们可以在【开始】→【条件格式】→【管理规则】中查看所有条件格式的规则（见图23.9）。

图23.9

多值瓷砖网格地图

如果要在网格图上显示多个数据，可以扩展瓷砖网格地图，为每个州加上斜率图。本例中，我们使用1976年和2020年总统选举中投票给民主党和共和党的人数占比的数据。（这张图是对《华盛顿邮报》上Philip Bump创建的图表的再设计）。我们将使用折线图-散点图的组合，而不是在表格中直接绘制。本图的大部分制作时间都花在准备数据上，如果你对学习如何准备数据不感兴趣，可以用设置好的数据文件进行练习，直接从第5步开始。

1. 原始数据在A至F列，包括1976年和2020年两党的州名、缩写和选票占比。（G、H和I列会在后面讲解。）

2. 与第10章制作华夫图类似，我们会设置一个"密钥"，将数据与州缩写进行匹配。在K:R列中，输入每个州的缩写。每个州有四个数据点，每个政党每年有两个数据点。如果将单元格顺时针旋转90度并翻转，它的布局（以及最终的外观）就类似于第一张图。在这个布局中，底部"行"有三个州（R列的Florida, Texas和Hawaii），顶部"行"有两个州（K列的Maine和Alaska）。

这种手动设置需要耗费大量的时间。每组州之间的空白单元格（例如，第6行）是为了增加各州之间的垂直间距（见图23.10）。

	A	B	C	D	E	F	G	H	I
1							州名		
2			民主党		共和党				0.2
3	州	州缩写	1976	2020	1976	2020	行	列	Y
4	Alabama	AL	0.258	0.221	0.197	0.376	2	19	1.8
5	Alaska	AK	0.171	0.279	0.278	0.345	8	1	7.8
6	Arizona	AZ	0.183	0.288	0.260	0.287	3	4	2.8
7	Arkansas	AR	0.332	0.182	0.178	0.326	3	13	2.8
8	California	CA	0.242	0.361	0.251	0.195	4	1	3.8
9	Colorado	CO	0.251	0.390	0.318	0.295	4	7	3.8
10	Connecticut	CT	0.293	0.381	0.325	0.252	6	28	5.8
11	Delaware	DE	0.297	0.379	0.266	0.257	4	25	3.8
12	District of Columbi	DC	0.263	0.545	0.053	0.032	3	25	2.8
13	Florida	FL	0.255	0.302	0.229	0.323	1	25	0.8
14	Georgia	GA	0.281	0.300	0.139	0.298	2	22	1.8
15	Hawaii	HI	0.236	0.326	0.224	0.175	1	1	0.8
16	Idaho	ID	0.225	0.207	0.363	0.400	6	4	5.8
17	Illinois	IL	0.286	0.353	0.297	0.249	6	16	5.8
18	Indiana	IN	0.275	0.238	0.320	0.332	5	16	4.8
19	Iowa	IA	0.306	0.309	0.312	0.366	5	13	4.8
20	Kansas	KS	0.264	0.257	0.309	0.347	3	10	2.8
21	Kentucky	KY	0.253	0.222	0.218	0.381	4	16	3.8
22	Louisiana	LA	0.252	0.241	0.224	0.353	2	13	1.8
23	Maine	ME	0.306	0.390	0.311	0.323	8	31	7.8
24	Maryland	MD	0.261	0.420	0.232	0.206	4	28	3.8
25	Massachusetts	MA	0.346	0.425	0.249	0.208	5	31	4.8
26	Michigan	MI	0.273	0.356	0.305	0.337	6	19	5.8
27	Minnesota	MN	0.393	0.392	0.300	0.339	6	13	5.8
28	Mississippi	MS	0.238	0.237	0.229	0.332	2	16	1.8
29	Missouri	MO	0.293	0.261	0.272	0.358	4	13	3.8
30	Montana	MT	0.287	0.288	0.334	0.405	6	7	5.8
31	Nebraska	NE	0.216	0.255	0.333	0.379	4	10	3.8
32	Nevada	NV	0.202	0.287	0.221	0.273	5	4	4.8
33	New Hampshire	NH	0.249	0.380	0.313	0.327	7	31	6.8
34	New Jersey	NJ	0.277	0.375	0.289	0.271	5	25	4.8
35	New Mexico	NM	0.258	0.307	0.271	0.246	3	7	2.8
36	New York	NY	0.246	0.338	0.214	0.210	6	25	5.8
37	North Carolina	NC	0.237	0.322	0.190	0.331	3	19	2.8
38	North Dakota	ND	0.308	0.197	0.347	0.403	6	10	5.8
39	Ohio	OH	0.269	0.293	0.268	0.345	5	19	4.8
40	Oklahoma	OK	0.267	0.166	0.274	0.337	2	10	1.8

	K	L	M	N	O	P	Q	R
4	AK		WA	OR	CA			HI
5	AK		WA	OR	CA			HI
7			ID	NV	UT	AZ		
8			ID	NV	UT	AZ		
10			MT	WY	CO	NM		
11			MT	WY	CO	NM		
13			ND	SD	NE	KS	OK	TX
14			ND	SD	NE	KS	OK	TX
16			MN	IA	MO	AR	LA	
17			MN	IA	MO	AR	LA	
19		WI	IL	IN	KY	TN	MS	
20		WI	IL	IN	KY	TN	MS	
22			MI	OH	WV	NC	AL	
23			MI	OH	WV	NC	AL	
25				PA	VA	SC	GA	
26				PA	VA	SC	GA	
28			NY	NJ	DE	DC		FL
29			NY	NJ	DE	DC		FL
31		VT	CT	RI	MD			
32		VT	CT	RI	MD			
34	ME	NH		MA				
35	ME	NH		MA				

	T	U	V	W	X	Y	Z	AA	AB	AC	AD	AE	AF	AG	AH	AI	AJ
1	民主党								共和党								
2	7	6	5	4	3	2	1	0	7	6	5	4	3	2	1	0	
3	行8	行7	行6	行5	行4	行3	行2	行1	行8	行7	行6	行5	行4	行3	行2	行1	垂直线
4	7.17		5.28	4.29	3.24			0.24	7.28		5.30	4.29	3.25			0.22	
5	7.28		5.39	4.39	3.36			0.33	7.34		5.26	4.28	3.20			0.18	
6																	8.00
7			5.22	4.20	3.23	2.18					5.36	4.22	3.43	2.26			
8			5.21	4.29	3.24	2.29					5.40	4.27	3.37	2.29			
9																	8.00
10			5.29	4.23	3.25	2.26					5.33	4.35	3.32	2.27			
11			5.29	4.16	3.39	2.31					5.40	4.43	3.29	2.25			
12																	8.00
13			5.31	4.31	3.22	2.26	1.27	0.24			5.35	4.32	3.33	2.31	1.27	0.22	
14			5.20	4.22	3.25	2.26	1.17	0.24			5.40	4.39	3.38	2.35	1.34	0.27	
15																	8.00
16			5.39	4.31	3.29	2.33	1.25				5.30	4.31	3.27	2.18	1.22		
17			5.39	4.31	3.26	2.18	1.24				5.34	4.37	3.36	2.33	1.35		
18																	8.00
19		6.33	5.29	4.27	3.25	2.27	1.24			6.32	5.30	4.32	3.22	2.21	1.23		
20		6.36	5.35	4.24	3.22	2.21	1.24			6.35	5.25	4.33	3.38	2.34	1.33		
21																	8.00
22			5.27	4.27	3.33	2.24	1.26				5.30	4.27	3.24	2.19	1.20		
23			5.36	4.29	3.17	2.32	1.22				5.34	4.34	3.38	2.33	1.38		
24																	8.00
25				4.27	3.22	2.23	1.28					4.26	3.23	2.17	1.14		
26				4.34	3.36	2.27	1.30					4.33	3.29	2.34	1.30		
27																	8.00
28			5.25	4.28	3.30	2.26		0.25			5.21	4.29	3.27	2.05		0.23	
29			5.34	4.38	3.38	2.55		0.30			5.21	4.27	3.26	2.03		0.32	
30																	8.00
31		6.24	5.29	4.33	3.26					6.30	5.33	4.26	3.23				
32		6.47	5.38	4.36	3.42					6.22	5.25	4.23	3.21				
33																	8.00
34	7.31	6.25		4.35					7.31	6.31		4.25					
35	7.39	6.38		4.42					7.32	6.33		4.21					

图23.10

3. 表格的另一部分（T:AI）用于为网格地图中的每个州分配数据。T:AA列是民主党的数据，AB:AI列是共和党的数据。以下是单元格T4中的VLOOKUP公式，其数据对应Alaska（AK）顶部的单元格（K4单元格），用于将原始数据转化为绘图用的数据：

```
=VLOOKUP(K4,$B$4:$F$54,2,0)+T$2
```

公式中包含四个参数，外加单元格T2中的一个额外数字：

a. `K4`。需要在原始数据中搜索的州缩写。

b. `$B$4:$F$54`。在B:F列中对原始数据进行查找。请注意，VLOOKUP查找值必须出现在第一列，因此我们在制作数据时将B列设置为州缩写。

c. `2`。引用查找数据中的第2列，即1976年民主党的选票占比。该引用在每个州的第二行（例如，单元格K5中的AK）对应的参数须改为3，即查询数据区域的第3列（2020年民主党的选票占比）。同样的，在设置共和党的绘图数据（AB:AI）时，对应的查找列数也要调整。

d. `0`。精确匹配（见第5章），Excel在查找列中精确匹配第一个查询参数（见图23.11）。

SUM ✓ ： × ✓ fx =VLOOKUP(K4,$B$4:$F$54,2,0)+T$2

州	州缩写	民主党 1976	2020	共和党 1976	2020	行	列	Y
Alabama	AL	0.258	0.221	0.197	0.376	2	19	1.8
Alaska	AK	0.171	0.279	0.278	0.345	8	1	7.8
Arizona	AZ	0.183	0.288	0.260	0.287	3	4	2.8
Arkansas	AR	0.332	0.182	0.178	0.322	3	13	2.8
California	CA	0.242	0.361	0.251	0.195	4	1	3.8
Colorado	CO	0.251	0.390	0.318	0.295	4	7	3.8
Connecticut	CT	0.293	0.381	0.325	0.252	6	28	5.8
Delaware	DE	0.297	0.379	0.266	0.257	4	25	3.8
District of Columbia	DC	0.263	0.545	0.053	0.032	3	25	2.8
Florida	FL	0.255	0.302	0.229	0.323	1	25	0.8
Georgia	GA	0.281	0.300	0.139	0.298	2	22	1.8
Hawaii	HI	0.236	0.326	0.224	0.175	1	1	0.8
Idaho	ID	0.225	0.207	0.363	0.400	6	4	5.8
Illinois	IL	0.286	0.353	0.297	0.249	6	16	5.8
Indiana	IN	0.275	0.238	0.320	0.332	5	16	4.8
Iowa	IA	0.306	0.309	0.312	0.366	5	13	4.8
Kansas	KS	0.264	0.257	0.309	0.347	3	10	2.8
Kentucky	KY	0.253	0.222	0.218	0.381	4	16	3.8
Louisiana	LA	0.252	0.241	0.224	0.353	2	13	1.8
Maine	ME	0.306	0.390	0.311	0.323	8	31	7.8
Maryland	MD	0.261	0.420	0.232	0.206	4	28	3.8
Massachusetts	MA	0.346	0.425	0.249	0.208	5	31	4.8
Michigan	MI	0.273	0.356	0.305	0.337	6	19	5.8
Minnesota	MN	0.393	0.392	0.302	0.290	6	13	5.8
Mississippi	MS	0.238	0.237	0.229	0.332	2	16	1.8
Missouri	MO	0.293	0.261	0.272	0.358	4	13	3.8
Montana	MT	0.287	0.288	0.334	0.405	6	7	5.8
Nebraska	NE	0.216	0.255	0.333	0.379	4	10	3.8
Nevada	NV	0.202	0.287	0.221	0.273	5	4	4.8
New Hampshire	NH	0.249	0.390	0.313	0.327	7	31	6.8
New Jersey	NJ	0.277	0.375	0.269	0.275	5	25	4.8
New Mexico	NM	0.258	0.307	0.271	0.246	3	7	2.8
New York	NY	0.291	0.363	0.214	0.210	6	25	5.8
North Carolina	NC	0.237	0.322	0.190	0.331	3	19	2.8
North Dakota	ND	0.308	0.197	0.347	0.403	6	10	5.8

图23.11

引用单元格T$2，是为了确定数据在垂直方向放置的位置。

我把地图底部的州——Florida（FL），Texas（TX）和Hawaii（HI）——设置为"第1行"，地图顶部的州Maine（ME）和Alaska（AK）设置为"第8行"（参见G列）。以Alaska（AK）为例，我们用公式中前三个参数来确定实际的投票占比值，再加上最后一个参数（单元格T2中的数值7）将该值定位在图表最上面一行。而AA4单元格中Hawaii（HI）的公式为=VLOOKUP(R4,$B$4:$F$54,2,0)+AA$2。它的VLOOKUP运算逻辑一样，只不过所引用的单元格AA$2的值为0，表示该州位于图表中最下面一行。

由于引用的投票占比数据列与原始数据（B:F）不同，因此，不同年份、不同政党的公式需要调整。也就是说，对于同一个州（Alabama）来说，可以将单元格T4的公式粘贴到V4到AA4的单元格中。但若要计算单元格区域T5:AA5和AB:AI列中的共和党选票占比，则需要调整公式。

这些公式已经包含在练习文件中，所以你可以直接用它们来制图！

4. 还需要添加2组数据列：

a. AJ列（"垂直线"）。在图的顶部添加一个单独的折线图，并使用垂直误差线添加各州之间的分割线。"垂直线"数据列的值等于图表Y轴的最大值，并位于州与州之间的空白行。

b. G:I列（"州名"）。用散点图在地图中每个正方形的左上角添加州名缩写。G列（"行"）是每个州在图表中位于哪一行。H列（"列"）是每个州在图表中位于哪一列。Alaska的标签将位于图表的第1"列"，"Alabama"的标签将位于第19"列"。对于每个州，只需计算从地图左侧第一个点开始，到该州在地图上对应位置之间的点（和空格！）的数量。最后，I列是用于添加标签的散点图的Y轴坐标。我们用G列（"行"）中的值减去0.2，得到单元格I2中的值。我选择0.2，是因为它的位置看起来比较适合加标签。如果希望标签位于中间，可以将该值改为0.5，所有内容都会自动更新。

5. 设置好核心数据后，就可以开始制图了！选中单元格区域T4:AJ35插入带标记的折线图。现在已经非常接近最终图表的形状了。（见图23.12）。

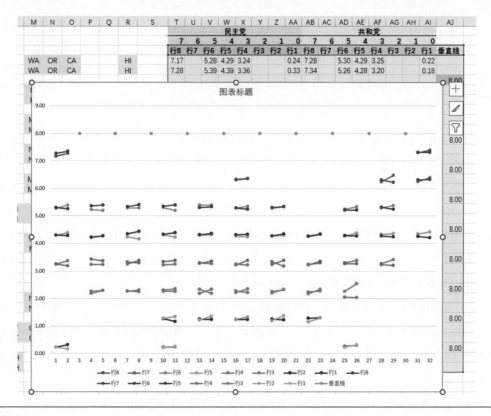

图23.12

6. 现在，通过"垂直线"数据列添加白色垂直线，来将各州数据隔开。操作方式与第17章相同，选择该数据列，然后单击【图表设计】➔【添加图表元素】➔【误差线】。在【垂直误差线】的菜单中，做三项调整：

　　a. 把【方向】设为【负偏差】。

　　b. 把【末端样式】设为【无线端】。

　　c. 选择【误差量】→【百分比】，并在框中输入"100%"。

　　将误差线改为白色，并调整宽度（我用了12磅）（见图23.13）。

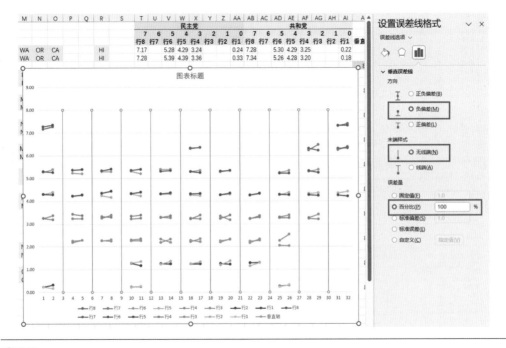

图23.13

　　7. 接下来，选择单元格区域H4:I54的数据插入散点图，以添加州缩写的标签。选中图表单击鼠标右键，然后【选择数据】→【添加】，在【系列名称】中引用单元格G1，在【系列值】中引用单元格区域I4:I54。单击两次【确定】按钮（见图23.14）。

　　8. 我们得到了一个看起来比较混乱的图，因为还没有将新添加的数据列改为散点图并分配X轴系列值。接下来单击鼠标右键→【图表设计】→【更改图表类型】→【组合图】，然后将"州名"系列改为用散点图表示。选中散点图后，【选择数据】→"州名"→【编辑】，然后在【X轴系列值】的对话框中引用单元格区域H4:H54。单击【确定】按钮两次后，每个州的正方形左上角都会出现一个圆点（见图23.15）。

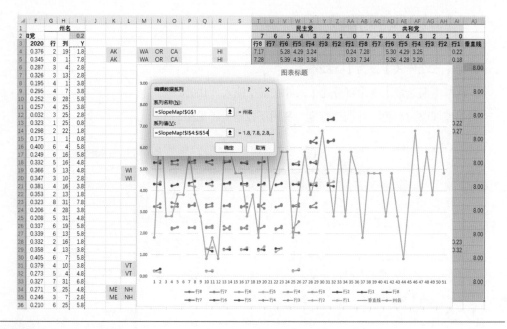

图23.14

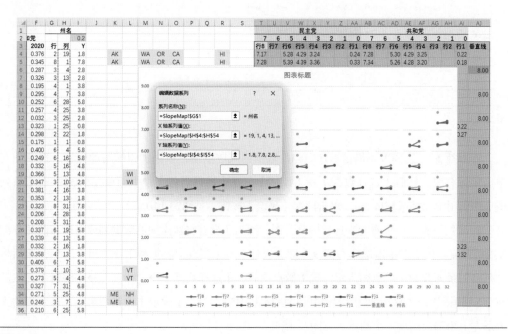

图23.15

9. 现在可以添加州缩写标签。选中散点图单击鼠标右键，然后单击【添加数据标签】。选中要设置格式的数据标签单击鼠标右键，选择【单元格中的值】，引用单元格区域B4:B54，单击【确定】按钮。取消勾选【Y值】，并将【标签位置】改为【居中】（见图23.16）。

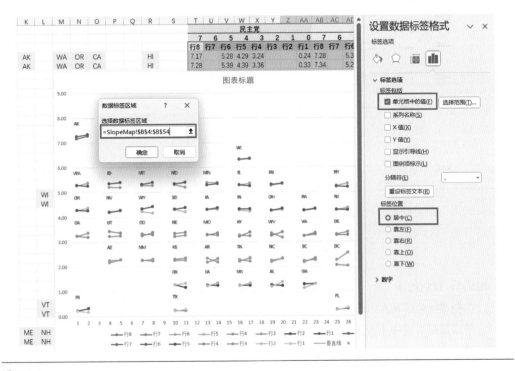

图23.16

10. 现在可以进行最后的调整：

a. 删除图例和X轴的标签。

b. 选中"州名"和"垂直线"数据列的标记单击鼠标右键，然后选择【设置数据系列格式】→【标记】→【标记选项】→【无】来隐藏这些标记。

c. 将Y轴的范围改为0~8（【设置坐标轴格式】→【最小值】为0，【最大值】为8），然后删除Y轴。

d. 最后，调整相对单调的部分：选择每个数据列并重新着色（通过【设置数据系列格式】）。这里需要单独选择每条线，通过改变【线条】、【标记填充】和【标记边框】来调整颜色，不过，一旦完成，这个瓷砖网格地图就可以轻松更新数据，以便重复利用（见图23.17）。

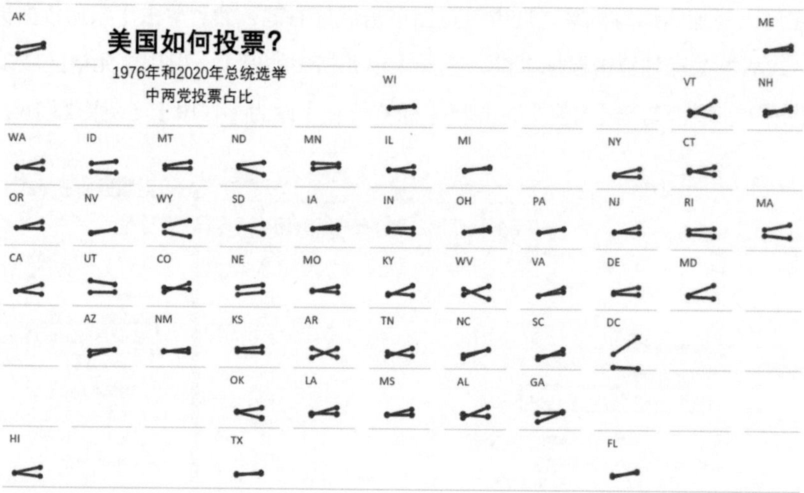

图23.17

快速操作指南

地图1：默认地图

1. 选择单元格区域A1:B52，然后在【插入】选项卡中选择【地图】。

2. 单击鼠标右键➜【设置数据系列格式】以修改颜色、投影、标签等。

地图2：单值瓷砖网格地图——连续图例

1. 整理数据、编写公式并设置"瓷砖网格"。

2. 选择单元格区域B4:L13。

3. 设置瓷砖网格颜色：【开始】➜【条件格式】➜【色阶】➜【其他规则】➜设置【最小值】和【最大值】的颜色。

4. 设置文本颜色：【开始】➜【条件格式】➜【突出显示单元格规则】➜【大于】➜0.4➜【自定义格式】➜【字体】➜【颜色】➜白色。

地图3：单值瓷砖网格地图——离散图例

1. 整理数据、编写公式并设置"瓷砖网格"。

2. 选择单元格区域B5:L12。

3. 为第一类别设置瓷砖网格颜色：【开始】➜【条件格式】➜【突出显示单元格规则】➜【等于】➜1➜【自定义格式】➜【填充】➜【背景色】。

4. 之后为其他类别重复以上操作。

5. 设置文本颜色：【开始】→【条件格式】→【突出显示单元格规则】→【大于】→0.4→【自定义格式】→【字体】→【颜色】→白色。

地图4：多值瓷砖网格地图

1. 整理数据并编写公式。

2. 选择单元格区域T4:AJ32并插入带数据标记的折线图。

3. 为"垂直线"数据列（顶部的点）添加误差线：【图表设计】→【添加图表元素】→【误差线】→【其他误差线选项】。

4. 设置误差线格式：选中误差线→单击鼠标右键→【设置误差线格式】→

a. 把【方向】设为【负偏差】。

b. 把【末端样式】设为【无线端】。

c.【误差量】→【百分比】→100%。

d. 设置颜色：【线条】→【实线】→白色。

e. 增加线条宽度：【线条】→【宽度】。

5. 为"州名"数据列添加州缩写的标签：选中图表→单击鼠标右键→【选择数据】→【添加】→【系列名称】：州名（单元格G1），【系列值】：单元格区域H4:H54。

6. 将"州名"数据列改为用散点图表示：

a. 在Windows操作系统中：选择"州名"数据列→【图表设计】→【更改图表类型】→【组合图】→"州名"→【散点图】。

b. 在macOS操作系统中：选择"州名"数据列→【图表设计】→【更改图表类型】→【散点图】。

7. 插入X值：选中图表→单击鼠标右键→【选择数据】→"州名"→【X轴系列值】：单元格区域H4:H54。

8. 添加数据标签，并设置数据标签格式：

a. 选中"州名"系列，单击鼠标右键→【添加数据标签】。

b. 选中数据标签，单击鼠标右键→【设置数据标签格式】→【单元格中的值】→单元格区域B4:B54（并取消勾选【Y值】）。

c. 选中数据标签，单击鼠标右键→【设置数据标签格式】→【标签位置】→【居中】。

9. 隐藏数据标记（"垂直线"和"州名"数据列）：选中数据列单击鼠标右键→【设置数据系列格式】→【标记】→【标记选项】→【无】。

10. 设置Y轴范围：选中Y轴单击鼠标右键→【设置坐标轴格式】→【边界】→【最小值】处输入0，【最大值】处输入8。

11. 删除图例、X轴和Y轴。

第24章

直方图 ■ ■ ■

直方图	
难度等级: 高级	
数据类型: 分布	
组合图表: 否	
公式使用: COUNTIFS, &	

　　绘制直方图是将数据分布可视化的常用方法之一，直方图通常是柱形图，可以表示不同区间的数据频率，这些频率总和为总体样本数。可视化的原理本身很简单：每个柱形表示其区间内的观察次数，我们可以将其计数并绘制为柱形图。可以通过多种方式在Excel中计算直方图的组距，后续案例中有详细介绍。

　　直方图可以显示数据分布的集中度、极值，以及是否存在离散值或其他异常值。柱形图不是绘制直方图时唯一的选择，折线图和面积图也可以。无论你选用哪种图形绘制直方图，选择适当的颜色、字体和线条能帮助读者更好地理解数据。

　　本例使用了20世纪80年代和21世纪10年代美国冰球联盟（NHL）守门员的体重数据。即便你不是冰球迷也不用担心，本例将清楚地展示守门员在过去几十年里体重是如何变得更重的。

　　在较新版本的Excel中，直方图是内置的图表类型，因此，你不需要使用本节的操作方法。但是，如果想拥有更大的灵活性，或者想把两组数据分布叠放，本教程将非常实用。另外，Excel中的默认图表可以帮我们计算组距。

　　要使用默认直方图，选择单元格区域A1:A177中的数据，并像插入其他图表一样插入直方图即可（见图24.1）。

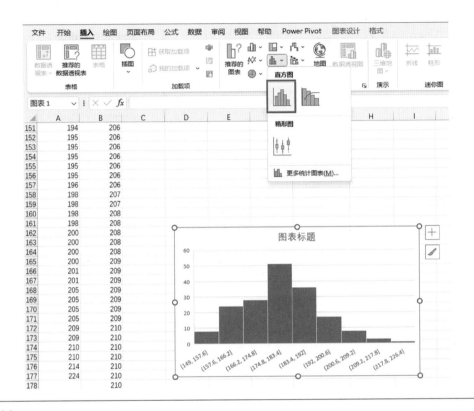

图24.1

接下来，可以选中横轴（X轴）单击鼠标右键，在设置坐标轴格式中更改【箱数】和【箱宽度】，对组数和组距的大小进行调整（见图24.2）。

无论选择什么数据，Excel都假设它们来自同一数据列或同一种数据分布。换言之，不能直接在一张图上进行两种分布的比较。需要一些额外的操作来叠放两个（或更多）直方图。

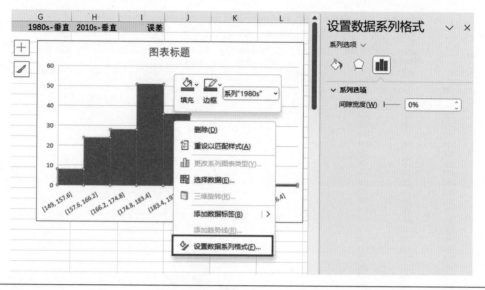

图24.2

在制作双直方图之前，要将原始数据放置到各区间中。对于这个例子，我们从体重为150磅开始，以5磅为增量设置组距。我已经设置了从C2单元格开始的组距。在D栏中，用COUNTIFS公式提取20世纪80年代的数据：

$$=COUNTIFS(A:A,">"\&\$C2,A:A,"<="\&\$C3)$$

请注意，COUNTIFS公式可以在同一个公式中进行多次比较。第一个比较包含两个参数：在第一个参数（蓝色）中，我们提取A列（A:A）中大于单元格C2的值（用引号中的大于号连接C2单元格）。第二个参数（橙色）是提取A列（A:A）中小于或等于C3的值。

使用部分绝对引用，就能将公式直接复制到"1980s"和"2010s"列，而无须进行额外的调整。单元格E2中的公式为

$$=COUNTIFS(B:B,">"\&\$C2,B:B,"<="\&\$C3)$$

虽然数据列移动到了B列（B:B），但引用的单元格保持不变（\$C2和\$C3）。

现在已经统计了每个体重区间的守门员数量，接下来可以开始制作图表了。我们将制作两个版本：一个是叠放的面积图，另一个是叠放的柱形图。

叠放的面积图

1. 选择单元格区域C1:E22并插入【面积图】。有的数据列可能只显示一部分，甚至不显示（见图24.3），这与数据排列的方式有关。

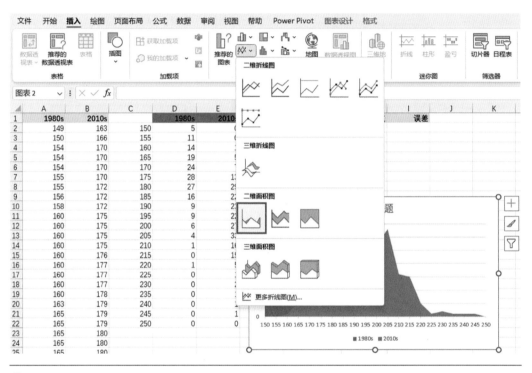

图24.3

2. 调整两个数据列的透明度：单击鼠标右键→【设置数据系列格式】→【填充】→【纯色填充】，然后将"透明度"滑块移动到更高的百分比。我的经验是透明度设置为30%~50%效果较好（见图24.4）。如果我们想强调其中一个数据列，可以降低该列的透明度，或不为其设置透明度。

3. 有两种方法可以为图表添加边框。最简单的方法是选择数据列并在【设置数据系列格式】→【边框】→【实线】中添加边框。这种方法的问题在于，整个数据列的边界都将出现加粗的边框，不仅在顶部，还有侧面和底部。图24.5中添加了加粗的边框，可以看到它将整个面积图包围起来了。

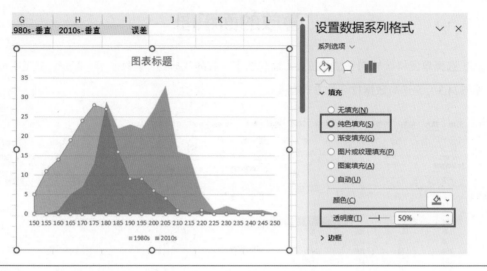

图24.4

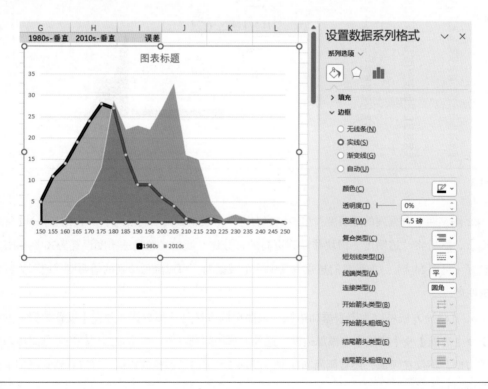

图24.5

4. 还有个更好的方法，不过需要多花点时间，那就是添加一个与面积图数据相同的折线图。你不需要创建新的数据，只需要再次添加相同的数据列。选中图表单击鼠标右键，【选择数据】→【添加】，然后添加相同的数据列（单元格区域D2:D22和单元格区域E2:E22）。由于这些新数据列默认为纯色填充，因此现在我们无法看到之前的两个数据列（见图24.6）。

图24.6

5. 选择其中一个新数据列（现在位于最上层），然后选择【图表设计】→【更改图表类型】→【组合图】（在macOS操作系统中，选择该数据列并转到【更改图表类型】）将两个新数据列改为用折线图表示（见图24.7）。

6. 我们可以在【设置数据系列格式】→【边框】→【实线】中调整折线图的颜色，以匹配面积图（此处为蓝色和橙色）。请确保选中折线图调整，而不是代表原来数据列的面积图（可以通过【格式】→【当前所选内容】下拉菜单来选择，见图24.8）。

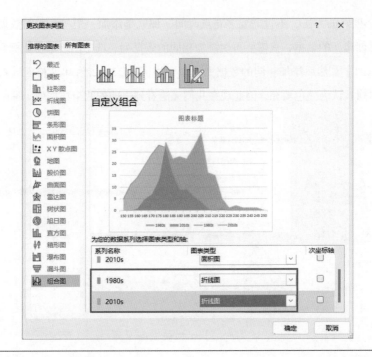

图24.7

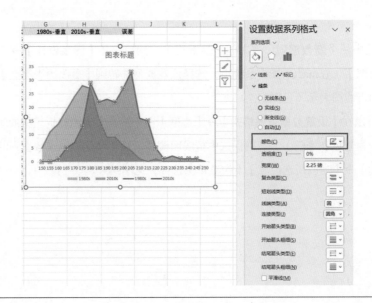

图24.8

7. 最后，通过【设置坐标轴格式】→【坐标轴位置】→选择【在刻度线上】，使图表从X轴的左边缘开始出现。我们可以通过设置标签格式、添加标题以及进行其他需要的调整来对图表进行优化（见图24.9）。

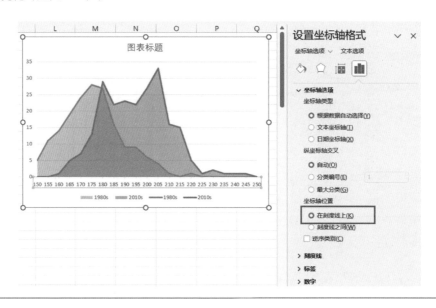

图24.9

叠放的柱形图

1. 这个方法和叠放的面积图类似，不过我们会添加散点图来确定边界，而不是折线图。首先，选中单元格区域C1:E22，插入一个簇状柱形图（见图24.10）。

2. 把每个组距中的柱形设置为相邻状态，选择任意一个数据列，单击鼠标右键，然后单击【设置数据系列格式】，在【系列选项】中把【系列重叠】设为100%，【间隙宽度】设为0%（见图24.11）。

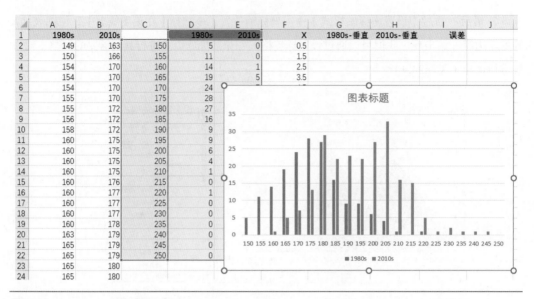

图24.10

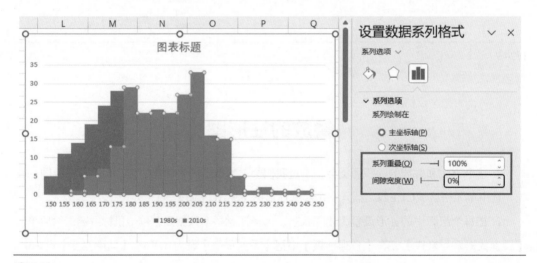

图24.11

3. 调整两个数据列的颜色和透明度：单击鼠标右键→【设置数据系列格式】→【填充】→【纯色填充】，然后将"透明度"滑块移到更高的百分比。同样，我发现将透明度设置为30%~50%效果较好（见图24.12）。

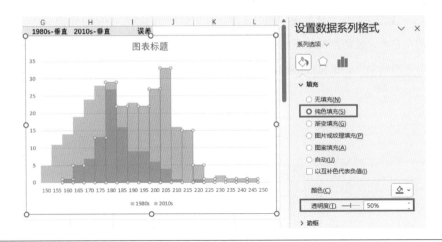

图24.12

4. 接着，可以在柱形图周围添加边框（单击鼠标右键→【设置数据系列格式】→【边框】→【实线】），不过，现在的图表看起来有些杂乱，不便阅读。更重要的是，它看起来像叠在一起的一堆柱形图，这不是我们想要的（见图24.13）。

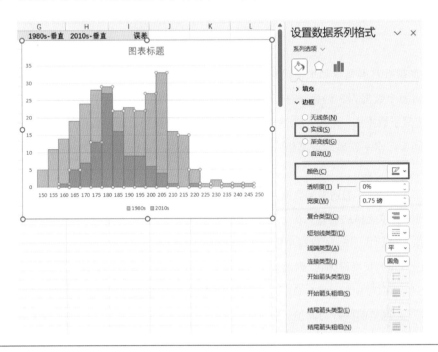

图24.13

5. 我们不能像在制作叠放的面积图时那样添加折线图，因为叠放的柱形图每个组距需要两个点，分列左右角，使添加的线呈阶梯状。而折线图会在两个柱形之间生成斜向的直线，即使为每个柱形添加两个点，也无法实现我们需要的效果（见图24.14）。

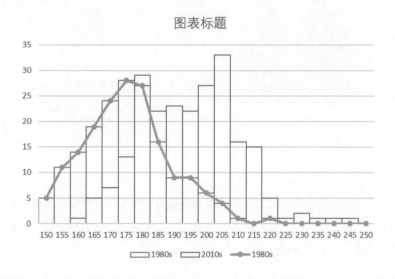

图24.14

6. 添加带垂直误差线和水平误差线的散点图，可以让原图表保持不变，并能够模拟阶梯效果。针对每个数据列，创建一对X值和Y值，其中X值以0.5为增量（达到每个柱形图的拐角处），Y值等于数据值。然后，为垂直误差线创建一个数据列，该列数值等于相邻柱形之间的差值（区间）。水平误差线宽度相同（在本例中，为1），这样我们就为每个柱形图添加了一组误差线。

用以下方法添加F:H列中的数据：

a. F列。在单元格F2中输入0.5，然后在F3中输入"=F2+1"，接着将公式复制粘贴到该列其余单元格。请记住，Excel将每个柱形的宽度视为1，因此如果我们将误差线的起点设为0.5，每条水平误差线的长度设为1，则误差线将正好对齐每个柱形的左右边缘。

b. G列。在G2中输入"=D2"，这是"1980s"数据列中的第一个值。在G3中输入"=D3-D2"，这是前两行的差值。将该公式向下复制粘贴到整列，以计算差值，该差值用作"1980s"数据列的垂直误差线（见图24.15和表24.1）。

　　c. H列。对于2010s数据列，遵循以上相同的过程。在H2中输入"＝E2"，在H3中输入
"＝E3-E2"。并将公式向下复制粘贴到整列，以创建2010s数据列的垂直误差线。

G3		∨	⋮	×	✓	*fx*	=D3-D2	

图24.15

表 24.1

	A	B	C	D	E	F	G	H	I
1	1980s	2010s		1980s	2010s	X	1980s-垂直	2010s-垂直	误差
2	149	163	150	5	0	0.5	5	0	1
3	150	166	155	11	0	1.5	6	0	1
4	154	170	160	14	1	2.5	3	1	1
5	154	170	165	19	5	3.5	5	4	1
6	154	170	170	24	7	4.5	5	2	1
7	155	170	175	28	13	5.5	4	6	1
8	155	172	180	27	29	6.5	−1	16	1
9	156	172	185	16	22	7.5	−11	−7	1
10	158	172	190	9	23	8.5	−7	1	1
11	160	175	195	9	22	9.5	0	−1	1
12	160	175	200	6	27	10.5	−3	5	1
13	160	175	205	4	33	11.5	−2	6	1
14	160	175	210	1	16	12.5	−3	−17	1
15	160	176	215	0	15	13.5	−1	−1	1

　　7. 这两个数据列的Y值等于柱形的高度，X值从0.5开始，然后以1为增量增加，我们将其
作为散点图的数据。在图表上单击鼠标右键，【选择数据】→【添加】以再次插入"1980s"
数据列（单元格区域D2:D22），然后按确定。默认状态下，Excel会将此新数据列绘制为柱形
图，该图将位于其他数据列的上层（见图24.16）。

　　8. 选择新数据列，并改为用散点图表示，【图表设计】→【更改图表类型】→【组合图】
（见图24.17）。

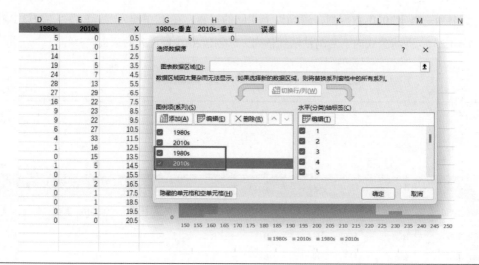

图24.16

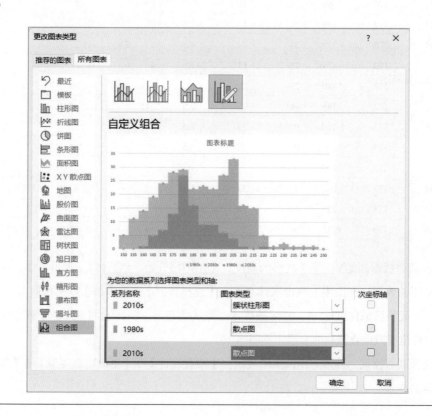

图24.17

9. 在图表上单击鼠标右键，【选择数据】→ "1980s"（新数据列）→【编辑】，然后引用单元格区域F2:F22作为X轴系列值，单元格区域D2:D22为Y轴系列值。同样的，为 "2010s"数据列插入第二个散点图，以单元格区域F2:F22为X轴系列值，单元格区域E2:E22为Y轴系列值。然后单击两次【确认】（见图24.18）。

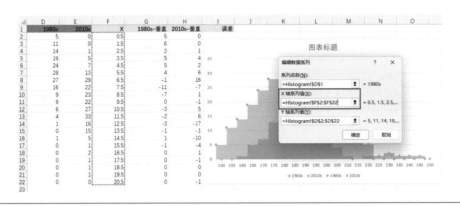

图24.18

10. 现在每个柱形的左上角都有一个数据点。为了沿柱形图的顶部和左侧边缘设置边框，需要添加误差线。选择散点图，然后选择【图表设计】→【添加图表元素】→【误差线】→【其他误差线选项】。在散点图中，Excel默认会同时添加垂直和水平误差线，我们需要调整这两个方向的误差线格式。

对于水平误差线（确保选择的是水平误差线），进行三项调整：

a. 把【方向】设为【正偏差】。

b. 把【末端样式】设为【无线端】。

c. 选择【误差量】→【固定值】，输入 "1"（因为X值的间隔为1）（见图24.19）。

对于垂直误差线，进行类似的三项调整：

a. 把【方向】设为【负偏差】。

b. 把【末端样式】设为【无线端】。

c. 选择【误差量】→【自定义】→【指定值】→【负错误值】，在对话框中输入误差线对应的数据列值（"1980s"数据列对应单元格区域G2:G22，"2010s"数据列对应单元格区域H2:H22）（见图24.20）。

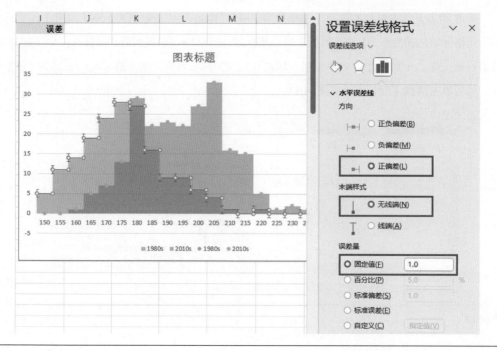

图24.19

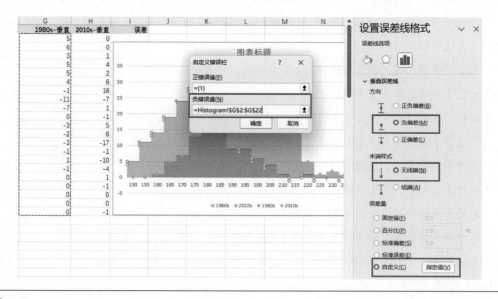

图24.20

11. 接着，为"2010s"数据列采用同样的步骤添加误差线，然后设置格式：

a. 隐藏数据标记：选中散点图单击鼠标右键→【设置数据系列格式】→【标记】→【标记选项】→【无】。

b. 调整误差线的颜色和大小。

c. 调整柱形图、误差线和坐标轴的格式（见图24.21）。

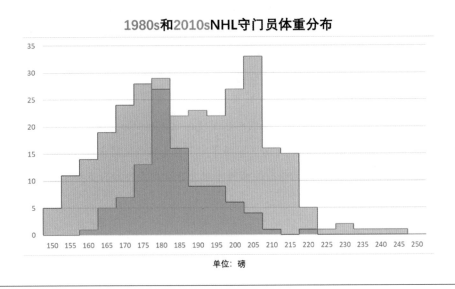

图24.21

如何确定合适的组距

绘制直方图时需要特别留意的是如何确定直方图的组距。选择最佳组距背后的统计学知识超出了本书的范围，但Excel内置的直方图提供了一种定义组距的方法，或者至少可以帮助你了解它应该怎样定义。如果你想展示数据的分布，可以选择区间数最少的组距。

确定好组距后，至少有四种方式可以将数据放入各区间。

1. 传统的手动输入。如果数据量不大，可以对数据进行排序和计数。为了方便起见，我通常会先对数据进行排序（使用【数据】选项卡中的【排序】功能）并突出显示组，方便查看。然后创建一个新列，将计数结果填入其中。

2. COUNTIFS公式（即本章中使用的方法）。使用COUNTIF公式只需计算每个组距中的观察次数，所以很有效。COUNTIFS公式是COUNTIF公式的扩展。在COUNTIF公式中，第一个参数是条件范围，第二个是要计数的条件。而COUNTIFS公式可以多次执行此操作对多个条件进行计数。

3. 使用FREQUENCY数组公式。数组在Excel中功能很强大，但使用它们有些挑战性，而且对于本书来说属于更高阶的技术。若要使用数组，需要输入包含两个参数的公式，即范围和组距，然后按Ctrl+Shift+回车快捷键，数组将填充该列。

4. 使用【分析工具库】功能。这是Excel中的隐藏功能，因此需要先激活它。单击【文件】下拉菜单中的【选项】，在左侧的【加载项】中，选择【分析工具库】并单击【确定】按钮（见图24.22）。

现在，【数据】选项卡中会出现【数据分析】选项。单击它并选择【直方图】。在弹出的新对话框中，将引用的数据范围填入【输入区域】中，在【接收区域】输入组距，在【输出区域】输入放置结果的位置。Excel会将组距和频率填充在该列。（分析工具库里还有许多其他有趣的功能，这里就不介绍了。）

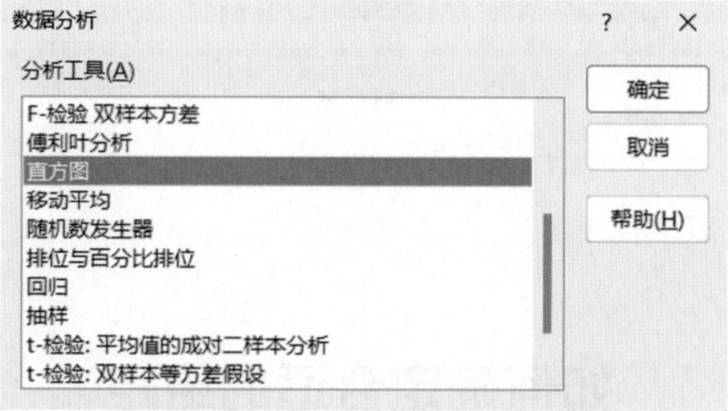

图24.22

（译者注：如果按照上述方式操作后，没有出现【数据分析】选项，请回到加载项的界面，单击【Excel加载项】旁边的【转到】，调出加载项对话框，勾选【分析工具库】，再单击【确定】按钮。）

快速操作指南

方法一：叠放的面积图

1. 整理数据并编写公式。

2. 选择单元格区域C1:E22并插入面积图。

3. 调整两个数据列颜色的透明度：选中对应数据列→单击鼠标右键→【设置数据系列格式】→【填充】→【纯色填充】→【透明度】。

4. 为两个数据列添加边框：

a. 单击鼠标右键→【选择数据】→【添加】→第一个数据列的【系列名称】：1980s（单元格D1），【系列值】：单元格区域D2:D22，第二个数据列的【系列名称】：2010s（单元格E1），【系列值】：单元格区域E2:E22。

b. 将新数据列改为用折线图表示：

i. 在Windows操作系统中：选择每个数据列→【图表设计】→【更改图表类型】→【组合图】→每个数据列旁的下拉菜单→【折线图】。

ii. 在macOS操作系统中：选择每个数据列→【图表设计】→【更改图表类型】→【折线图】。

方法二：叠放的柱形图

1. 整理数据并编写公式。

2. 选择单元格区域C1:E22并插入簇状柱形图。

3. 对齐柱形图：选中任意数据列单击鼠标右键→【设置数据系列格式】→【系列选项】→【系列重叠】设为100%，【间隙宽度】设为0%。

4. 调整两个数据列的颜色透明度：选中数据列单击鼠标右键→【设置数据系列格式】→【填充】→【纯色填充】→【透明度】。

5. 添加散点图以创建边框：选中图表→单击鼠标右键→【选择数据】→【添加】→【系列名称】：1980s（单元格D1），【系列值】：单元格区域D2:D22。

6. 将新的"1980s"数据列改为用散点图表示：

a. 在Windows操作系统中：选择新的"1980s"数据列→【图表设计】→【更改图表类型】→【组合图】→"1980s"→【散点图】。

b. 在macOS操作系统中：选择新的"1980s"数据列→【图表设计】→【更改图表类型】

→【散点图】。

7. 插入X值：选中图表→单击鼠标右键→【选择数据】→ "1980s"（底部）→【X轴系列值】：单元格区域F2:F22。

8. 添加另一数据列：选中图表→单击鼠标右键→【选择数据】→【添加】→【系列名称】（单元格E1）：2010s，【X轴系列值】：单元格区域F2:F22，【Y轴系列值】：单元格区域E2:E22。

9. 使用散点图添加边框：选择散点图→【图表设计】→【添加图表元素】→【误差线】→【其他误差线选项】。

10. 设置水平误差线格式：选择水平误差线→单击鼠标右键→【设置误差线格式】→

a. 把【方向】设为【正偏差】。

b. 把【末端样式】设为【无线端】。

c. 设置【误差量】→【固定值】→1。

11. 设置垂直误差线格式：选择垂直误差线→单击鼠标右键→【设置误差线格式】→

a. 把【方向】设为【负偏差】。

b. 把【末端样式】设为【无线端】。

c. 设置【误差量】→【自定义】→【指定值】→【负错误值】→ "1980s"数据列：单元格区域G2:G22， "2010s"数据列：单元格区域H2:H22。

12. 隐藏两个数据列的数据标记：选中散点图后单击鼠标右键→【设置数据系列格式】→【标记】→【标记选项】→【无】。

第**25**章

玛莉美歌图 ■ ■ ■

玛莉美歌图
难度等级: 高级
数据类型: 类别
组合图表: 是
公式使用: IF, INT, VLOOKUP, SUM

玛莉美歌图是一种特殊的柱形图，它有两个变量：一个是柱形的高度，另一个是柱形的宽度。它通常用来展示双向的、从部分到整体的关系。如果使用散点图，且X轴数据之和以及Y轴数据之和都等于100%，我喜欢用玛莉美歌图替代散点图。

由于Excel无法更改柱形图中单个柱形的宽度，本案例中，我们会创建一张包含100个柱形图的图表，并根据需要来构建玛莉美歌图。我们将对数据进行分组，以便更容易地为每个数据列着色，而不必分别选择100个柱形图中的每一个来着色。这需要使用一些公式，但会更加灵活。

本例的数据是世界上10个国家中，各个国家每天生活费低于30美元的人口占该国总人口的比例（对应表中的"贫困"指标），以及各国人口占这10国总人口的比例（对应表中的"人口"指标）。我们将"贫困"放在Y轴，"人口"放在X轴。

原始数据在单元格区域A5:C14中，工作表的其余部分用于构建图表，其中有不少重复数据，因此可以多次使用VLOOKUP公式。练习文件中包含了所有的数据和公式，因此，如果你对设置数据不感兴趣，可以直接跳到制图数据。本例的玛莉美歌图使用了四舍五入的数据，如果你的数据有小数，只需将所有数据乘以10或100，并在图表中用1000或10000个柱形（见图25.1）。（Jorge Camões（2020）使用了不同的方法来构建这个图表，但其数据准备步骤比这个方法更复杂。）

各列数据摘要
1 - 3 数据设置
4 - 7 用于VLOOKUP
8 - 21 制图数据

国家	贫困	人口	将人口数据去掉%以数字显示 (1) 人口	创建计数变量(观察值) (2) 计数	重复贫困数据 (3) 贫困	重复计数变量 (4) 计数	国家计数(生成标签) (5) 国家#	重复国家变量 (6) 国家#	重复贫困变量 (7) 贫困	1-100计数 (8) 序列	VLOOKUP:用4、5列创建标签 (9) 项目#	VLOOKUP:使用2、3列扩展贫困变量 (10) 贫困
巴基斯坦	100%	15%	15	1	100%	1	1	1	100%	1	1	100%
越南	98%	7%	7	16	98%	16	2	2	98%	2	1	100%
墨西哥	94%	9%	9	23	94%	23	3	3	94%	3	1	100%
泰国	91%	5%	5	32	91%	32	4	4	91%	4	1	100%
土耳其	86%	6%	6	37	86%	37	5	5	86%	5	1	100%
巴西	84%	16%	16	43	84%	43	6	6	84%	6	1	100%
西班牙	49%	4%	4	59	49%	59	7	7	49%	7	1	100%
日本	30%	10%	10	63	30%	63	8	8	30%	8	1	100%
美国	24%	25%	25	73	24%	73	9	9	24%	9	1	100%
加拿大	21%	3%	3	98	21%	98	10	10	21%	10	1	100%
										11	1	100%
										12	1	100%
	标签									13	1	100%
	X	Y								14	1	100%
巴基斯坦	8	99%								15	1	100%
越南	19	97%								16	2	98%
墨西哥	27	93%								17	2	98%
泰国	34	90%								18	2	98%
土耳其	39	85%								19	2	98%
巴西	50	83%								20	2	98%
西班牙	60	48%								21	2	98%
日本	67	29%								22	2	98%
美国	85	23%								23	3	94%
加拿大	99	20%								24	3	94%
										25	3	94%

图25.1

设置数据

E列。为"人口"创建一个新数据列，将其百分号去掉，显示为整数。可以复制并粘贴原始数据到新列，并调整单元格的格式（选中单元格，单击鼠标右键或按Ctrl+1快捷键）。也可使用公式"E5=C5*100"，这样方便更新数据。

F列。创建一个"计数"变量，表示每个项目的累计次数。从单元格F5中输入的1开始。用一个简单的公式"F6=F5+E5，F7=F6+E6，……"设置整列的值。上表中计数值表示第一个项目从第1个柱形开始（到第15个柱形结束），第二个项目从第16个柱形开始，依此类推。

G列。为"贫困"数据列如法炮制。同样推荐用公式G5=B5引用数据，这样数据发生变化时更容易更新。（见图25.2）

复制几个数据列，方便后续使用VLOOKUP公式。

I列。复制"计数"变量，"I5=F5"。（注意：H列为空，用作分隔数据组的视觉提示。）

J列。在该列添加一个简单的"国家"编号，从1到10，后面可以用来生成国家标签。

L列。复制"国家"编号，"L5=J5"。（注意：K列为空，用于分隔数据组。）

M列。复制"贫困"变量，"M5=G5"。（见图25.3）

	E	F	G	H
1	将人口数据去掉%以数字显示	创建计数变量（观察值）	重复贫困数据	
2	1	2	3	
3				
4	人口	计数	贫困	
5	15	1	100%	
6	=C5+100 7	16	=B5 98%	
7	9	=E5+F5 23	94%	
8	5	32	91%	
9	6	37	86%	
10	16	43	84%	
11	4	59	49%	
12	10	63	30%	
13	25	73	24%	
14	3	98	21%	
15				

图25.2

	I	J	K	L	M	N
1	重复计数变量	国家计数（生成标签）		重复国家变量	重复贫困变量	
2	4	5		6	7	
3						
4	计数	国家#		国家#	贫困	
5	1	1		1	100%	
6	=F5 16	2		=J5 2	=G5 98%	
7	23	3		3	94%	
8	32	4		4	91%	
9	37	5		5	86%	
10	43	6		6	84%	
11	59	7		7	49%	
12	63	8		8	30%	
13	73	9		9	24%	
14	98	10		10	21%	
15						

图25.3

O列。接下来，可以设置用于制作图表的数据列（见图25.4）。第一列从1到100。每个值（行）都将成为柱形图中的一条柱，柱形图的值（高度）对应贫困率。不用手动输入，在单元格O4中输入"1"，然后在下面的单元格输入公式"O5=O4+1"，并将其向下复制到第103行。

	O	P	Q
1	1-100计数	VLOOKUP: 用4、5列创建标签	VLOOKUP: 使用2、3列扩展贫困变量
2	8	9	10
3	序列	项目 #	贫困
4	1	1	100%
5	2	=VLOOKUP(O4, $I$5:$J$14, 2, 1)	=VLOOKUP(O4, $F$5:$G$14, 2, 1)
6	=O4+1 3	1	100%
7	4	1	100%
8	5	1	100%
9	6	1	100%
10	7	1	100%
11	8	1	100%
12	9	1	100%
13	10	1	100%
14	11	1	100%
15	12	1	100%

图25.4

P列。该列计算每个国家对应有几根柱形，其中国家用J列中创建的国家编号值标明。例如，巴基斯坦的国家编号为1，在P列中出现了15次，因此巴基斯坦对应用15根柱形表示。用VLOOKUP公式输入制图的数据。在单元格P4中输入"=VLOOKUP(O4, $I$5:$J$14, 2,

1)"，并向下复制到第103行。以下是这个VLOOKUP公式的说明：

"=VLOOKUP（O4，"表示O4这个单元格是要查找的值。我们在另一个查找表进行匹配查询，以找出每个国家对应的数字。

"$I$5:$J$14"对应我们之前创建的数据表，包括I列和J列中的"计数"和"国家编号"数据列。VLOOKUP将公式中的第一个参数与I:J表中的第一列匹配，这就是为什么以这种方式对前几列进行排序（见图25.3）。$是绝对引用，这样可以在不改变引用区域的情况下复制和粘贴此公式。

"2"这个数字对应我们想要提取的列编号，这里指的是J列中的"国家编号"数据。

"1"这个数字用于设置参数"range_lookup"，指的是"近似匹配"，而不是"精确匹配"，这是本练习的关键。近似匹配将指定的单元格（O4）与I列中的查找值进行比较.如果单元格O4中的值大于或等于第1查找值且小于第2查找值，则该公式将从"国家#"列（J列）中将第1查找值输入到P列，如果O4中的值大于或等于第2查找值且小于第3查找值，则公式将"国家#"列（J列）中的第2查找值输入P列，以此类推，生成一系列数字。因此，P列中的前15个值将等于1，对应于巴基斯坦。越南从第16个柱形开始，值都等于2。

总之，用VLOOKUP公式查询计数序列并在J列中匹配国家编号，为图表中的每个柱形图分配一个国家编号。

Q列。接着，在Q列引入数据值，作为柱形图的高度。在单元格Q4中，我们使用另一个VLOOKUP公式，并将其向下拖动到第103行：=VLOOKUP(O4,$F$5:$G$14,2,1)。该VLOOKUP的逻辑与P列相同，查询F列以提取G列中贫困率的值。

R:AA列。然后，在R列至AA列创建10个不同的数据列——每个国家一个——这样就可以将它们全部添加到一个图表中，并通过选取各个国家的柱形图为每个数据列设置颜色。系列顶部（第2行）的数字在这里很重要，与每个国家编号相对应。这个公式有些复杂，但一旦在第一列中写好，就可以横向和纵向地拖动复制（见图25.5）。

接下来，在单元格R4中输入"=IF($P4=R$3,VLOOKUP($P4,$L$5:$M$14,2,1),0)"。

我们对这个公式进行拆解：

```
=IF($P4=R$3,VLOOKUP($P4,$L$5:$M$14,2,1),0)
```

首先，第一个参数"$P4=R$3,"表示用IF函数判断第一个条件，是否满足"$P4=R$3"。即将第二行中的国家编号与P列中每个项目编号的数值进行比较。请注意部分绝对引用"$"的使用，这可以让我们在列之间和行之间复制公式，而无须进行任何修改。

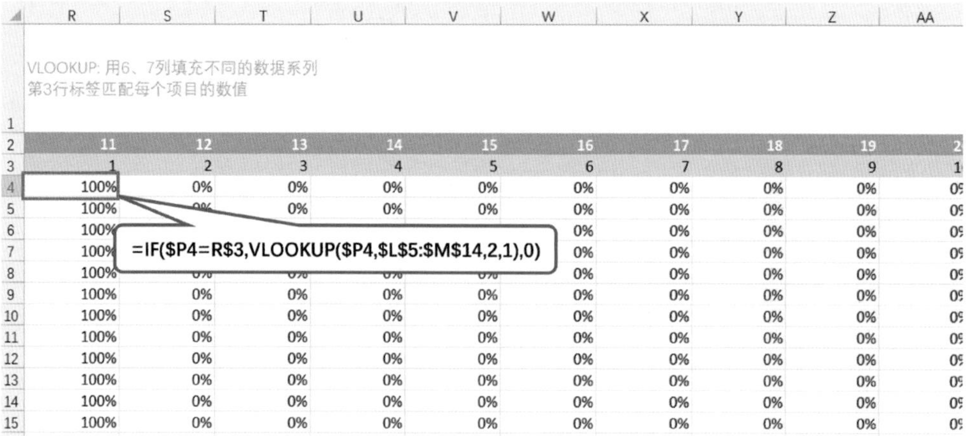

图25.5

　　"VLOOKUP($P4,$L$5:$M$14,2,1)，"表示如果前面IF函数判断为真（TRUE），则返回VLOOKUP公式的计算结果。这里，VLOOKUP公式中的第一个参数（$P4）是P列中待查找的值，需从L列和M列（$L$5:$M$14）中查询并匹配对应的国家编号。第三个参数（2）表示匹配对象位于第二列（M）中。最后一个参数（1）表示近似匹配。用VLOOKUP公式得出对应的贫困率，作为Y轴数据。

　　"0)"表示如果前面IF函数判断为假（FALSE），则显示0。对于第一个国家（R列），前15行返回值为100%，其余行返回值为0%。对于第二个国家，前15行返回值为0%，接下来的7行返回值为98%，其余72行返回值为0%。

　　将这个公式纵向及横向拖动，会在对应位置生成各国人口占比的数据组。

　　AB列。在这个图中，我们需要以10%的增量设置X轴标签。为此创建一个自定义的X轴数据列以添加到图表中。公式如下：

$$=IF(INT(O4/10)*10=O4,O4/100,"")$$

　　这个公式用INT函数将数字取最接近的整数。将计数序列（O列）除以10，向下取最接近的整数=INT(O4/10)，然后乘以10，得到一系列整十数。如果O列中的值等于对应的整十数，则显示该值的百分数（O4/100）；如果不等于，则返回空单元格（IF语句中的""）。在单元格AB4中输入公式并复制到整列，单元格只会显示"10%""20%""30%"等（见图25.6）。

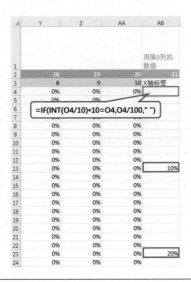

图25.6

制作图表

1. 用单元格区域R4:AA103中的数据创建柱形图。为了消除柱形间的间隙，单击鼠标右键并选择【设置数据系列格式】→【系列重叠】设为100%，【间隙宽度】设为0%（见图25.7）。

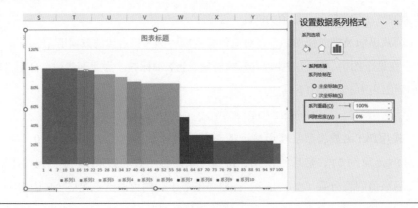

图25.7

2. 设置好后，调整颜色，依次单击【设置数据系列格式】→【填充】→【纯色填充】（见图25.8）。

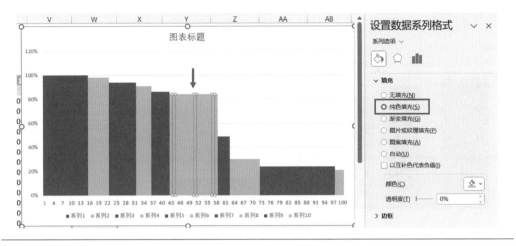

图25.8

3. 添加X轴标签，选中图表单击鼠标右键，单击【选择数据】→【水平（分类）轴标签】，然后在框中引用单元格区域AB4:AB103。单击【确定】按钮（见图25.9）。

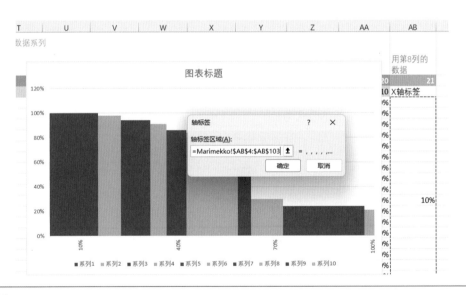

图25.9

4. 接着，选中X轴单击鼠标右键（或按Ctrl+1快捷键），选择【设置坐标轴格式】→【刻度线】→把【刻度线间隔】从1改为10。然后调整标签间隔，选择【标签】→【标签间隔】→【指定间隔单位】，将其设置为1（尽管Excel应该已经默认设置为"1"）（见图25.10）。

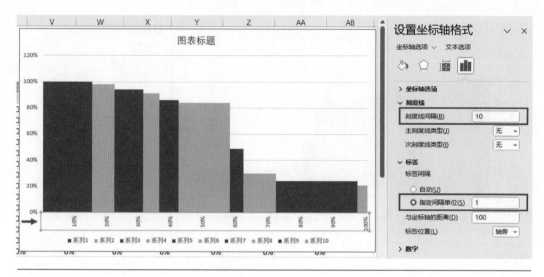

图25.10

5. 我们可以通过两种方式将国家标签添加到此图表中。这两种方式都需要在条形图上添加散点图。

a. 标签在柱形图的上方。我们可以在柱形图的上方添加水平方向的标签。制作标签的散点图数据在单元格区域A17:C28中，其中Y值等于贫困率减去0.01，这样可以让它们更靠近柱形图的顶部。X值用了一个稍微复杂的公式将百分比转换为数字，并将它们放在每个柱形的中心。例如，单元格B21（墨西哥）的公式为：

$$=(\text{SUM}(\$C\$5:C6)+C7/2)*100$$

该公式是把前两个国家的数值相加，再加上减半后的墨西哥的数值。因为这些项目是百分比，所以乘以100会将它们转换为整数（见图25.11）。

添加散点图后，单击鼠标右键，【选择数据】→【添加】，然后选择【图表设计】→【更改图表类型】→【组合图】。接着，添加数据标签（单击鼠标右键并选择【添加数据标签】）。选中数据标签：【设置数据标签格式】→【单元格中的值】→【选择范围】，引用单元格区域A19:A28。然后，【设置数据标签格式】→【标签位置】→【靠上】将标签放置在上方。最后，通过【设置数据系列格式】→【标记】→【标记选项】→【无】将标记隐藏。我在图25.12中留下数据标记，方便你看到它们。

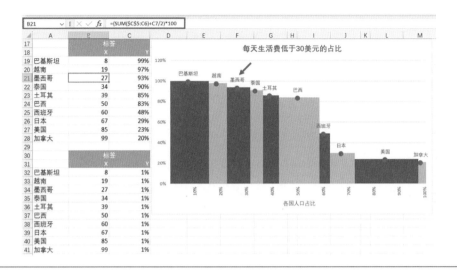

图25.11

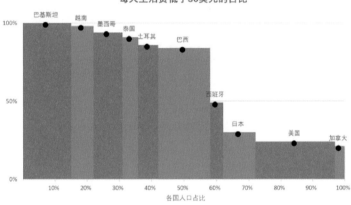

图25.12

我们还可以进一步调整标签位置，比如，可以通过移动文本框，或微调公式中Y值所减去的那个值。

b. 标签在柱形图的内部。我们也可以在柱形图内部放置垂直方向的标签。制作标签的散点图数据在单元格区域A30:C51中，其中Y值等于1%，即将标签放置于X轴上方一点儿，X值的计算方式与之前相同。过程也与第一种方式类似：添加新数据，转换为散点图，添加和设置数据标签格式，并隐藏标记（见图25.13）。

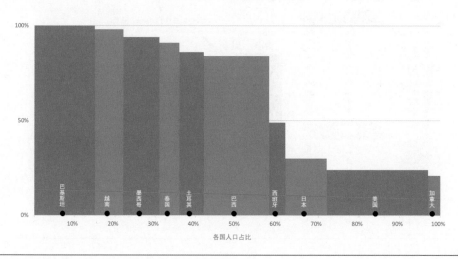

图25.13

快速操作指南

1. 整理数据并编写公式。

2. 选择单元格区域R4:AA103并插入一个簇状柱形图。

3. 调整柱形图：选中柱形图→单击鼠标右键→【设置数据系列格式】→【系列选项】→【系列重叠】为100%，【间隙宽度】为0%。

4. 设置X轴格式：

a. 选中X轴单击鼠标右键→【设置坐标轴格式】→【刻度线】→【刻度线间隔】→10。

b. 选中X轴单击鼠标右键→【设置坐标轴格式】→【标签】→【指定间隔单位】→1。

5. 编辑X轴标签：选中图表→单击鼠标右键→【选择数据】→【水平（类别）轴标签】→AB4:AB103。

6. 调整Y轴的范围：选中Y轴单击鼠标右键→【设置坐标轴格式】→【边界】→【最小值】为0，【最大值】为1。

7. 选择单元格区域A17:C41并插入散点图制作数据标签，详细信息请参阅本章正文中相关介绍。

第26章

周期图

周期图	
难度等级: 高级	
数据类型: 时间	
组合图表: 是	
公式使用: IF, AVERAGEIF, TEXT	

William Cleveland和Irma Terpenning在1982年的一篇论文《季节调整的图解方法》
（*Graphic Methods for Seasonal Adjustment*）中介绍了周期图，他们提出了一种可视化季节性数据的方法，例如贝尔实验室的月度工业产量和电话安装数。周期图的核心是一系列标准的折线图。周期图不是以常规方式显示月度数据，而是显示截至每个月的年度数据——也就是说，1月里显示的是第一年到最后一年，即所有1月份的数据。2月也一样，依此类推。

创建周期图需要按月-年而不是标准的年-月来整理数据。通常，周期图还包括月平均值，并且每个月之间需要有间隔。这将为制图增加一些复杂性，不过会让图表更清晰，也为读者提供了更多信息。

本例的数据是1979年至2020年北半球海冰面积变化的月平均值（见图26.1）。

1. 在原始数据最后增加三年，用于制图时在月份间添加空白占位符，并对数据以月份为基准按年排序。我们的原始数据是从1979年1月到2020年12月，首先，在数据的底部添加2021、2022和2023年的全部月份。然后，以月份数值为排序依据，从小到大排列数据。再以年份数值为次要排序依据，从小到大排列数据。（【数据】→【排序】）（在线资源中的Excel表中数据已排序）（见图26.2）。

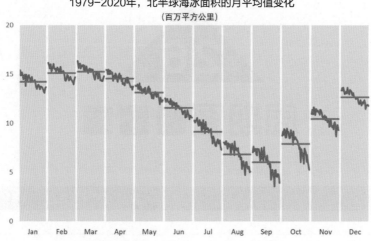

图26.1

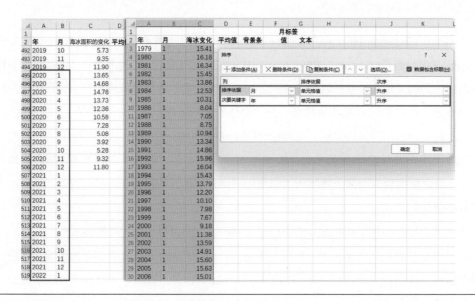

图26.2

2. 接着，用AVERAGEIF公式来生成D列中每个月的平均值。因为2021、2022和2023的占位行包含在数据中，但不能用来计算平均值，所以需要用带AVERAGEIF函数的IF公式：

```
=IF(A3<=2020,AVERAGEIF($B$3:$B$542,B3,$C$3:$C$542), NA())
```

这里，C列中海冰变化的月平均值仅计算至2020年年底。在2020年之后的单元格中会返回为#N/A（见图26.3）。

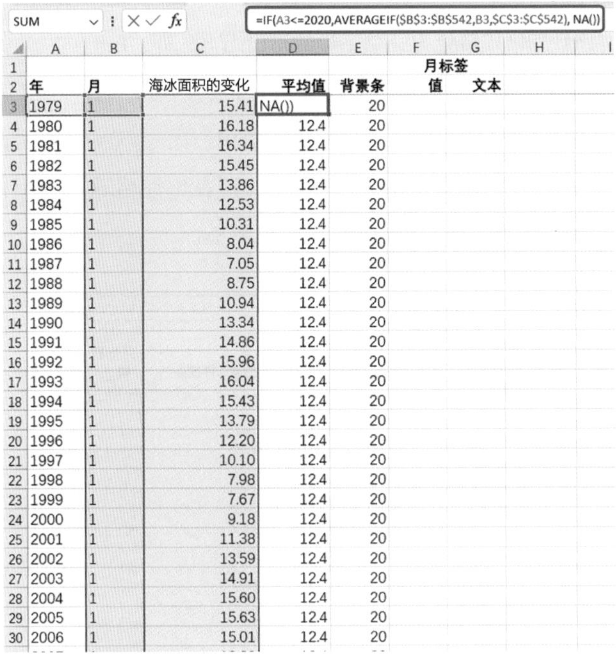

SUM　=IF(A3<=2020,AVERAGEIF($B$3:$B$542,B3,$C$3:$C$542), NA())

	A	B	C	D	E	F	G	H
1						月标签		
2	年	月	海冰面积的变化	平均值	背景条	值	文本	
3	1979	1	15.41	NA())	20			
4	1980	1	16.18	12.4	20			
5	1981	1	16.34	12.4	20			
6	1982	1	15.45	12.4	20			
7	1983	1	13.86	12.4	20			
8	1984	1	12.53	12.4	20			
9	1985	1	10.31	12.4	20			
10	1986	1	8.04	12.4	20			
11	1987	1	7.05	12.4	20			
12	1988	1	8.75	12.4	20			
13	1989	1	10.94	12.4	20			
14	1990	1	13.34	12.4	20			
15	1991	1	14.86	12.4	20			
16	1992	1	15.96	12.4	20			
17	1993	1	16.04	12.4	20			
18	1994	1	15.43	12.4	20			
19	1995	1	13.79	12.4	20			
20	1996	1	12.20	12.4	20			
21	1997	1	10.10	12.4	20			
22	1998	1	7.98	12.4	20			
23	1999	1	7.67	12.4	20			
24	2000	1	9.18	12.4	20			
25	2001	1	11.38	12.4	20			
26	2002	1	13.59	12.4	20			
27	2003	1	14.91	12.4	20			
28	2004	1	15.60	12.4	20			
29	2005	1	15.63	12.4	20			
30	2006	1	15.01	12.4	20			

图26.3

3. 我们还需要一个数据列，用来制作图表中的灰色背景。在E列中使用一个简单的IF公式：`=IF(A3<=2020,20,NA())`。如果年份在2021之前，数据显示为20，否则，显示#N/A。之所以选择20是因为它大于所有数值，并为图表的顶部留出一定空间。

4. 最后，再设置一个数据列来添加图表底部的月份标签。我们希望标签位于每组数据的中间，也就是2000年。用一个IF公式来实现：`=IF(A3=2000,0,NA())`。当年份是2000年时，返回0，否则返回#N/A。

在G列的“文本”数据列中，用IF公式生成月份的缩写：`=IF(A3=2000,Text(B3*29,"mmm"),NA())`。这个公式有些复杂，我们对其进行拆解：

- `A3=2000`。此参数是 IF 公式的条件。即只为年份为 2000 的行添加月份标签。
- `TEXT(B3*29,"mmm")`。TEXT函数将数字转换为文本，这里我们用它将日期转换为包含三个字母的月份缩写。公式的第一部分把月数（B3）乘以29来获得日期。对于1月，1*29是一年中的第29天，即1月29日。对于2月，2*29为58，表示一年中的第58天，即2月27日。对于6月，6*29是174，表示一年中的第174天，即6月23日，等等。公式的第二部分设置了日期格式：三个字母的月份缩写。比如2月，Excel在公式的第一部分为58，将其计算为日期（2月27日），并将该日期格式转化为三个字母的月份缩写，即“Feb”。

（译者注：上述操作适用于你希望显示英文的月份名时，这种操作有些复杂，且不太好理解。不过如果你希望显示中文的月份名，可以直接使用公式=IF(A3=2000,B3&"月",NA())。）

- NA()。最后一个参数，如果不是2000年，则在单元格返回NA()（显示为#N/A），之前有提过，在制图时，Excel会忽略它（见图26.4）。

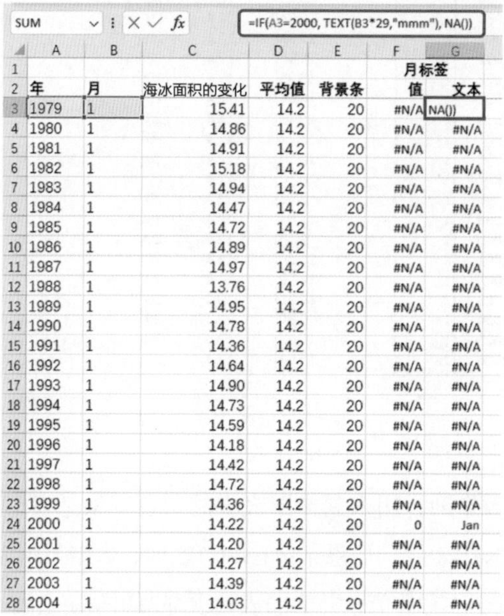

SUM | =IF(A3=2000, TEXT(B3*29,"mmm"), NA())

	A	B	C	D	E	F	G
1						月标签	
2	年	月	海冰面积的变化	平均值	背景条	值	文本
3	1979	1	15.41	14.2	20	#N/A	NA())
4	1980	1	14.86	14.2	20	#N/A	#N/A
5	1981	1	14.91	14.2	20	#N/A	#N/A
6	1982	1	15.18	14.2	20	#N/A	#N/A
7	1983	1	14.94	14.2	20	#N/A	#N/A
8	1984	1	14.47	14.2	20	#N/A	#N/A
9	1985	1	14.72	14.2	20	#N/A	#N/A
10	1986	1	14.89	14.2	20	#N/A	#N/A
11	1987	1	14.97	14.2	20	#N/A	#N/A
12	1988	1	13.76	14.2	20	#N/A	#N/A
13	1989	1	14.95	14.2	20	#N/A	#N/A
14	1990	1	14.78	14.2	20	#N/A	#N/A
15	1991	1	14.36	14.2	20	#N/A	#N/A
16	1992	1	14.64	14.2	20	#N/A	#N/A
17	1993	1	14.90	14.2	20	#N/A	#N/A
18	1994	1	14.73	14.2	20	#N/A	#N/A
19	1995	1	14.59	14.2	20	#N/A	#N/A
20	1996	1	14.18	14.2	20	#N/A	#N/A
21	1997	1	14.42	14.2	20	#N/A	#N/A
22	1998	1	14.72	14.2	20	#N/A	#N/A
23	1999	1	14.36	14.2	20	#N/A	#N/A
24	2000	1	14.22	14.2	20	0	Jan
25	2001	1	14.20	14.2	20	#N/A	#N/A
26	2002	1	14.27	14.2	20	#N/A	#N/A
27	2003	1	14.39	14.2	20	#N/A	#N/A
28	2004	1	14.03	14.2	20	#N/A	#N/A

图26.4

5. 选中单元格区域C3:F542插入标准折线图，得出接近最终图表的图形（见图26.5）。

6. 将“背景条”数据列改为用簇状柱形图表示（2021、2022和2023的#N/A值显示为空白）：选择【背景条】数据列→【图表设计】→【更改图表类型】→【组合图】。选中柱形图→【设置数据系列格式】→【间隙宽度】设为0%。在【填充】→【纯色填充】中将颜色改为浅灰色（见图26.6）。

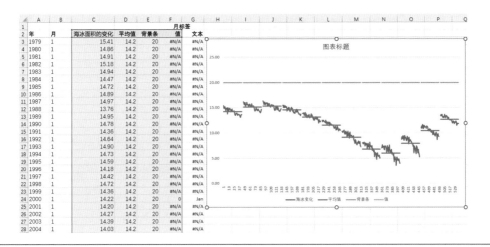

图26.5

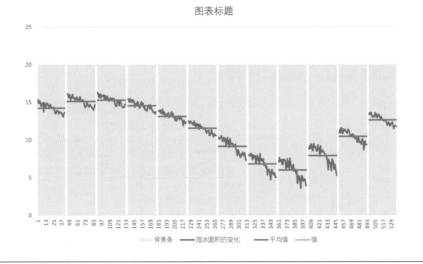

图26.6

7. 用单元格区域G3:G542中的数据添加月份标签。首先，选中默认的X轴标签并删除。在图中看不到"值"数据列中的折线图，因为数据为0，并且插入的是没有标记的折线图。可以用【格式】→【当前所选内容】→【系列"值"】来选中折线图，然后，通过【图表设计】→【添加图表元素】→【数据标签】→【下方】来添加数据标签，此时的数据标签会显示为0（见图26.7）。

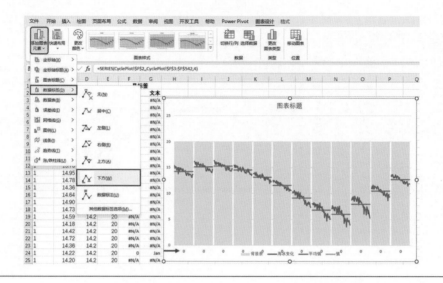

图26.7

　　选中数据标签，单击鼠标右键，在弹出的菜单中单击【设置数据标签格式】，选择【单元格中的值】，引用G3:G542，然后单击【确定】。取消勾选【值】，这时每个灰色背景条中间的数据就会显示月份缩写了（见图26.8和图26.9）。

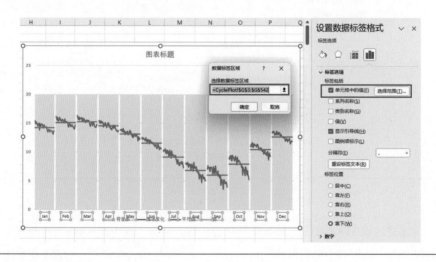

图26.8

　　8. 最后，调整一下格式：

　　a. 删除图例并编辑图表标题。

b. 调整线条的颜色和粗细。

c. 和之前一样，默认状况下，Excel不会把数据绘制到Y轴的顶部，因此我们把Y轴的范围改为从0到20（单击鼠标右键→【设置坐标轴格式】→【边界】→【最小值】为0，【最大值】为20）（见图26.10）。

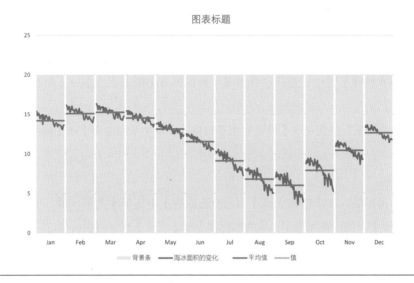

图26.9

图26.10

快速操作指南

1. 整理数据并编写公式。

2. 选中单元格区域C2:F542并插入折线图。

3. 将"背景条"数据列改为用簇状柱形图表示:

a. 在Windows操作系统中:选择"背景条"数据列→【图表设计】→【更改图表类型】→【组合图】→ "背景条"→【簇状柱形图】。

b. 在macOS操作系统中:选择"背景条"数据列→【图表设计】→【更改图表类型】→【簇状柱形图】。

4. 选择"背景条"数据列→【设置数据系列格式】→【系列选项】→【间隙宽度】设置为0%。

5. 删除X轴。

6. 添加月份标签:在【格式】→【当前所选内容】中选择【系列"值"】,然后,通过【图表设计】→【添加图表元素】→【数据标签】→【下方】添加月份标签。

7. 设置月份标签格式:选中月份标签单击鼠标右键→【设置数据标签格式】→【单元格中的值】→引用单元格区域G3:G542(取消勾选【值】)。

8. 调整Y轴的范围:选择Y轴单击鼠标右键→【设置坐标轴格式】→【边界】→【最小值】为0,【最大值】为20。

带状散点图

带状散点图	
难度等级: 中级	
数据类型: 分布	
组合图表: 否	
公式使用: 无	

从本质上说, 带状散点图是一种特殊的散点图, X值为想要展示的数据, Y值定位数据显示于哪一行。当你希望将数据分布显示为实际数据点而不是条形图时, 带状散点图会非常有用。

本例中, 我们使用2021年芝加哥、洛杉矶和华盛顿特区的周平均温度数据。

1. 选中单元格区域B2:C54并插入散点图。每个城市的 "X" 列中是每个城市的温度, 而 "Y" 列是单独的整数: 洛杉矶为1, 芝加哥为2, 华盛顿特区为3 (见图27.1)。

2. 在散点图中添加芝加哥和华盛顿特区的数据: 单击鼠标右键→【选择数据】→【添加】。对于芝加哥, 【系列名称】引用单元格D1, 【X轴系列值】引用单元格区域D3:D54, 【Y轴系列值】引用单元格区域E3:E54。对于华盛顿特区, 【系列名称】引用单元格F1, 【X轴系列值】引用单元格区域F3:F54, 【Y轴系列值】引用单元格区域G3:G54。也可以选择所有的数据 (单元格区域B3:G54) 并插入散点图。只是这时, Excel将生成五个单独的散点图数据列, 其中第1列 (单元格区域B3:B54) 是五个列的X值, 因此, 需要进行进一步编辑 (见图27.2)。

3. 接着, 沿Y轴添加城市标签。这需要添加另一个散点图的数据列: 单击鼠标右键→【选择数据】→【添加】。引用单元格I1作为【系列名称】(即 "标签"), 单元格区域J2:J4作为【X轴系列值】, 单元格区域K2:K4作为【Y轴系列值】(见图27.3)。

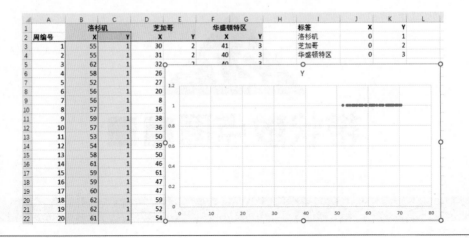

图27.1

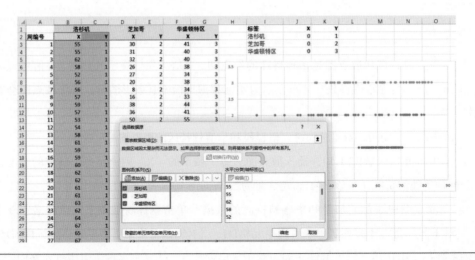

图27.2

4. 选中"标签"数据列并单击鼠标右键，选择【添加数据标签】。接下来，选中数据标签并单击鼠标右键，【设置数据标签格式】→【单元格中的值】→引用单元格区域I2:I4，然后单击【确定】按钮。取消勾选【Y值】，并将【标签位置】设为【靠左】（见图27.4）。

5. 然后再进行一些调整。

a. 调整Y轴范围，使数据点居中：选中Y轴并单击鼠标右键→【设置坐标轴格式】→把【最小值】设为0，【最大值】设为4。也可以通过调整每个数据列的值和网格线的增量来设置图表的样式。

　　b. 删除Y轴标签：【设置坐标轴格式】→【标签】→【标签位置】→【无】。

　　c. 单击选中【绘图区】左边缘并将其稍微向右拖动。

　　d. 隐藏"标签"数据列的标记，单击鼠标右键→【设置数据系列格式】→【标记】→【标记选项】→【无】（见图27.5）。

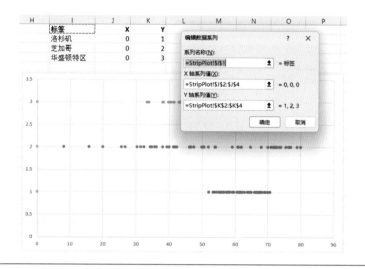

图27.3

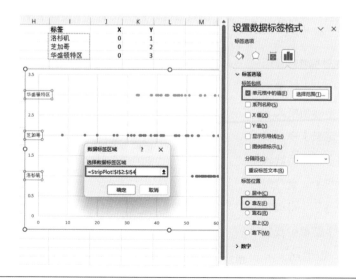

图27.4

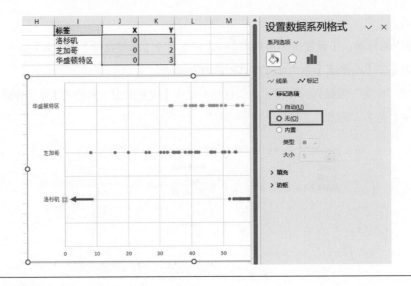

图27.5

6.接下来把数据点调大一点儿，并设置颜色和透明度。对每个数据列分别执行以下操作。

a.选中数据点，单击鼠标右键➜【设置数据系列格式】➜【标记】➜【标记选项】➜【内置】➜把大小设置为10。

b.调整填充颜色：单击鼠标右键➜【设置数据系列格式】➜【填充】➜【纯色填充】➜把【透明度】设置为40%。

c.调整边框颜色：单击鼠标右键➜【设置数据系列格式】➜【边框】➜【实线】➜把【透明度】设置为40%。

7.最后，编辑X轴标签以显示华氏度的符号。选中水平轴单击鼠标右键：【设置坐标轴格式】➜【数字】➜【自定义】➜【格式代码】➜【添加】，然后输入#"°F";# "°F";0"°F"。此代码将在数字后面加上°F。（可以在【插入】➜【符号】菜单中找到温度的单位符号）（见图27.6）。

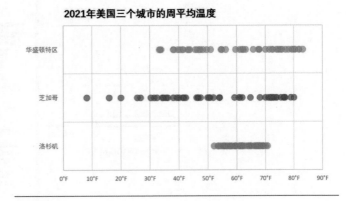

图27.6

快速操作指南

1. 选择单元格区域B2:C54，插入散点图。

2. 添加芝加哥和华盛顿特区的数据：选中图表→单击鼠标右键→【选择数据】→【添加】→

　　a.【系列名称】：芝加哥（单元格D1）；【X轴系列值】：单元格区域D3:D54；【Y轴系列值】：单元格区域E3:E54。

　　b.【系列名称】：华盛顿特区（单元格F1）；【X轴系列值】：单元格区域F3:F54；【Y轴系列值】：单元格区域G3:G54。

3. 修改"洛杉矶"数据列名称：选中图表→单击鼠标右键→【选择数据】→"Y"→【编辑】→【系列名称】：洛杉矶（单元格B1）。

4. 添加"标签"数据列：选中图表→单击鼠标右键→【选择数据】→【添加】→【系列名称】：标签（单元格I1）；【X轴系列值】：单元格区域J2:J4；【Y轴系列值】：单元格区域K2:K4。

5. 添加数据标签：选中"标签"数据列单击鼠标右键→【添加数据标签】。

6. 设置标签格式：选中数据标签单击鼠标右键→【设置数据标签格式】→

　　a.【单元格中的值】→单元格区域I2:I4。

　　b. 取消勾选【Y值】。

　　c.【标签位置】→【靠左】。

7. 单击选中【绘图区】左边缘并将其稍微向右拖动，从而调整标签的显示位置。

8. 隐藏数据标记：选中"标签"数据列单击鼠标右键→【设置数据系列格式】→【标记】→【标记选项】→【无】。

9. 调整X轴标签：选中X轴单击鼠标右键→【设置坐标轴格式】→【数字】→【自定义】→【格式代码】→#"° F";# "° F";0"° F"（温度符号：【插入】→【符号】）。

10. 删除Y轴。

云雨图

云雨图			
难度等级: 高级			
数据类型: 分布			
组合图表: 是			
公式使用: WEEKNUM, AVERAGEIF, PERCENTILE, COUNTIF, IF			

将数据分布的不确定性进行可视化是一个挑战。大多数人对于统计学和数据分布的知识都不太熟悉，因此，很难理解不确定性的数学概念。在可视化数据分布及其不确定性时，需要加入更明确的注释，这不仅有助于读懂图表，还有助于理解图表是如何构建的。

我们可以通过展示数据来帮助大家更好地了解数据分布情况。在本例中，我们将使用上一章中洛杉矶、芝加哥和华盛顿特区的周平均温度数据来创建一个云雨图，该图是箱线图与单个圆形数据点的组合。

云雨图由三种不同元素构成：

1. 堆积条形图作为"箱"。

2. 散点图作为"线"。

3. 另一个散点图作为数据点。

和之前一样，先整理数据，以便以后可以更容易地重复使用图表。创建最初的图表需要费些工夫，但现在花时间就是为了将来省时间。

我已经在Excel文件中完成了大部分的设置，所以你可以阅读以下内容来帮助理解，或者直接跳到步骤4来学习如何制图。

1. 我们从原始数据开始（见图28.1）。对于每个城市，前两列是2021年每天的平均温度。接下来的三列（标题背景用黄色填充以突出显示）由三个单独的公式生成：

a. 第几周（C列）。由于我们想用每天的温度数据生成周平均温度，因此先在C列中用内置的WEEKNUM函数计算周数。在单元格C3中插入公式=WEEKNUM(A3,2)，得到一年中第一周的"1"，再拖动公式到整列。

b. 周编号（D列）。因为一年有52周，因此我们在这列中输入数字1~52，用于给周数编号。

c. 周平均温度（E列）。在AVERAGEIF公式中，查找C列和D列，以计算每周的平均温度。具体公式为：

=AVERAGEIF($C$3:$C$367,D3,$B$3:$B$367)

	A	B	C	D	E	F	G	H	I	J	K	L	M	N	O	P	Q
1			洛杉矶					芝加哥						华盛顿特区			
2	日期	日平均温度	第几周	周编号	周平均温度		日期	日平均温度	第几周	周编号	周平均温度		日期	日平均温度	第几周	周编号	周平均温度
3	2021/1/1	57	1	1	55		2021/1/1	27	1	1	30		2021/1/1	39	1	1	41
4	2021/1/2	54	1	2	55		2021/1/2	32	1	2	31		2021/1/2	43	1	2	40
5	2021/1/3	54	1	3	62		2021/1/3	32	1	3	32		2021/1/3	42	1	3	40
6	2021/1/4	54	2	4	58		2021/1/4	27	2	4	26		2021/1/4	40	2	4	38
7	2021/1/5	54	2	5	52		2021/1/5	31	2	5	27		2021/1/5	42	2	5	34
8	2021/1/6	54	2	6	56		2021/1/6	33	2	6	20		2021/1/6	41	2	6	38
9	2021/1/7	55	2	7	56		2021/1/7	35	2	7	8		2021/1/7	40	2	7	34
10	2021/1/8	52	2	8	57		2021/1/8	34	2	8	16		2021/1/8	37	2	8	33
11	2021/1/9	59	2	9	59		2021/1/9	31	2	9	38		2021/1/9	37	2	9	44
12	2021/1/10	60	2	10	57		2021/1/10	29	2	10	36		2021/1/10	41	2	10	41
13	2021/1/11	58	3	11	53		2021/1/11	25	3	11	50		2021/1/11	37	3	11	55
14	2021/1/12	59	3	12	54		2021/1/12	31	3	12	39		2021/1/12	38	3	12	46
15	2021/1/13	58	3	13	58		2021/1/13	35	3	13	50		2021/1/13	39	3	13	60
16	2021/1/14	60	3	14	61		2021/1/14	36	3	14	46		2021/1/14	39	3	14	51
17	2021/1/15	66	3	15	59		2021/1/15	35	3	15	61		2021/1/15	43	3	15	63
18	2021/1/16	67	3	16	59		2021/1/16	33	3	16	47		2021/1/16	41	3	16	56
19	2021/1/17	67	3	17	60		2021/1/17	32	3	17	47		2021/1/17	40	3	17	55
20	2021/1/18	63	4	18	62		2021/1/18	28	4	18	59		2021/1/18	39	4	18	66
21	2021/1/19	59	4	19	62		2021/1/19	24	4	19	52		2021/1/19	41	4	19	62
22	2021/1/20	65	4	20	61		2021/1/20	23	4	20	54		2021/1/20	40	4	20	62
23	2021/1/21	63	4	21	61		2021/1/21	34	4	21	72		2021/1/21	38	4	21	72
24	2021/1/22	57	4	22	63		2021/1/22	23	4	22	72		2021/1/22	42	4	22	68
25	2021/1/23	52	4	23	64		2021/1/23	17	4	23	72		2021/1/23	36	4	23	72
26	2021/1/24	49	4	24	64		2021/1/24	30	4	24	79		2021/1/24	30	4	24	77
27	2021/1/25	52	5	25	67		2021/1/25	31	5	25	74		2021/1/25	37	5	25	76
28	2021/1/26	49	5	26	65		2021/1/26	31	5	26	71		2021/1/26	34	5	26	74
29	2021/1/27	51	5	27	73		2021/1/27	24	5	27	73		2021/1/27	39	5	27	79
30	2021/1/28	53	5	28	67		2021/1/28	28	5	28	74		2021/1/28	35	5	28	80
31	2021/1/29	53	5	29	69		2021/1/29	22	5	29	72		2021/1/29	29	5	29	83

图28.1

第一个参数"$C$3:$C$367"是条件范围，即"第几周"。第二个参数"D3"就是要匹配的条件，即数字1~52。最后一个参数"$B$3:$B$367"表示需要计算平均值的数据范围，即"日平均温度"。以同样的方式，我们可以计算出洛杉矶的周平均温度（E列），芝加哥的周平均温度（K列）和华盛顿特区的周平均温度（Q列）。在后续制表时，我们将使用E、K和Q列中每周的平均数据，而不是B、H和N列中每日的源数据。

2. 根据以上数据，接下来对三个城市进行新的数据设置，见S:V列（见图28.2）。

	S	T	U	V
1		百分位		
2		洛杉矶	芝加哥	华盛顿特区
3	0.10	55	30	40
4	0.25	58	39	46
5	0.50	62	53	62
6	0.75	67	72	74
7	0.90	68	76	80
8				
9		箱体		
10		洛杉矶	芝加哥	华盛顿特区
11	填充	58	39	46
12	底部	4	14	16
13	顶部	5	19	13
14				
15		须线		
16		洛杉矶	芝加哥	华盛顿特区
17	X	62	53	62
18	Y	0.7	2.7	4.7
19	正错误值	6	23	18
20	负错误值	6	22	22

图28.2

a. 百分位。我们可以直接在Excel中根据数据计算洛杉矶的五个百分位数（第10、25、50、75和90分位），T3中的公式为"=PERCENTILE($E:$E,$S3)"。该公式在洛杉矶的数据列（E列）中查找10分位的数据。S3中的值为0.10，代表10分位。

b. 箱体。使用上一步中的百分位数生成创建箱体所需的差值。箱体的底部是25分位数，中间是中位数（50分位数），顶部是75分位数。这些单元格区域（T11:V13）中的公式引用表格中百分位的数据并计算差值。比如，单元格T12中的公式为T5–T4，即50分位和25分位之间的差值。

c. 须线。要将须线添加到箱体的左右边缘，需要在50分位处插入一个散点图，并添加一个延伸到10分位和90分位的水平误差线。散点图X值取50分位的值，Y值精确到小数，用于将须线定位在条形图（箱体）的底部。误差线的值为90分位和50分位的差值（【正错误值】）以及50分位和10分位的差值（【负错误值】）。

3. 最后，需要设置每个城市的实际数据点，用来绘制散点图。在X:AI列中，每个城市有四个数据列（见图28.3）。我们把相同的观测值放在一组，这样它们可以叠放在图表中。以洛杉矶的数据为例进行说明。

	X	Y	Z	AA	AB	AC	AD	AE	AF	AG	AH	AI
1	洛杉矶-点				芝加哥-点				华盛顿-点			
2	X值	Y值	Y位置	标量	X值	Y值	Y位置	标量	X值	Y值	Y位置	标量
3	52	1.0	0.550	0.550	8	1.0	2.550	2.550	33	1.0	4.550	4.550
4	53	1.0	0.550	0.130	16	1.0	2.550	0.130	34	1.0	4.550	0.130
5	54	1.0	0.550		20	1.0	2.550		34	2.0	4.420	
6	54	2.0	0.420		26	1.0	2.550		38	1.0	4.550	
7	55	1.0	0.550		27	1.0	2.550		38	2.0	4.420	
8	55	2.0	0.420		30	1.0	2.550		40	1.0	4.550	
9	56	1.0	0.550		31	1.0	2.550		40	2.0	4.420	
10	56	2.0	0.420		32	1.0	2.550		41	1.0	4.550	
11	56	3.0	0.290		34	1.0	2.550		41	2.0	4.420	
12	57	1.0	0.550		35	1.0	2.550		43	1.0	4.550	
13	57	2.0	0.420		36	1.0	2.550		43	2.0	4.420	
14	57	3.0	0.290		36	2.0	2.420		44	1.0	4.550	
15	58	1.0	0.550		38	1.0	2.550		46	1.0	4.550	
16	58	2.0	0.420		39	1.0	2.550		46	2.0	4.420	
17	58	3.0	0.290		40	1.0	2.550		47	1.0	4.550	
18	59	1.0	0.550		41	1.0	2.550		47	2.0	4.420	
19	59	2.0	0.420		42	1.0	2.550		48	1.0	4.550	
20	59	3.0	0.290		42	2.0	2.420		50	1.0	4.550	
21	59	4.0	0.160		46	1.0	2.550		51	1.0	4.550	
22	60	1.0	0.550		47	1.0	2.550		54	1.0	4.550	
23	61	1.0	0.550		47	2.0	2.420		55	1.0	4.550	
24	61	2.0	0.420		47	3.0	2.290		55	2.0	4.420	
25	61	3.0	0.290		50	1.0	2.550		56	1.0	4.550	
26	61	4.0	0.160		50	2.0	2.420		60	1.0	4.550	
27	61	5.0	0.030		51	1.0	2.550		61	1.0	4.550	
28	62	1.0	0.550		52	1.0	2.550		62	1.0	4.550	
29	62	2.0	0.420		54	1.0	2.550		62	2.0	4.420	
30	62	3.0	0.290		54	2.0	2.420		62	3.0	4.290	

图28.3

a. X值（X列）。在X列中，可以通过复制E列中的数据并使用【粘贴数值】选项，将每周平均温度粘贴为值（而不是公式）。粘贴数据后，再从低到高排序。

b. Y值（Y列）。在Y列中，用一个公式来识别每个数据首次出现的位置，该数据对应X轴的坐标值。换句话说，我们想识别52° F、53° F、54° F等温度第一次出现的位置。使用公式"=COUNTIF($X$3:X3,X3)"。向下复制（或拖动）公式，该公式计算从顶部（因为$X$3是绝对引用）到该单元格所处位置，该单元格中的值出现的次数。我用默认的条件格式，突出显示了各温度第1次出现的位置（当单元格值等于1时）。

c. Y位置（Z列）。完成后，还需要设置数据点在Y轴的位置。如果想要数据点堆积摆放，对于相同的温度，要设置不同的Y值。以单元格Z6（洛杉矶第2次出现54° F）中的公式为例：

$$=IF(Y6=1,\$AA\$3,Z5-\$AA\$4)$$

这是一个IF函数，第一个参数用于判断相邻单元格Y6中的值是否等于1，即该值是第一次出现（包含只出现一次的情况）。判断若为真（TRUE），则返回公式的第二个参数（$AA$3）。它指向一个特定值，在本例中是红色粗体的0.550。

如果该值不等于1，则返回为Z5-$AA$4。即用上方单元格的数字（本例中为0.550）减去AA4中的固定值（本例中为0.130）。因此，某温度值第一次出现时，令其位于Y轴0.550的位置；第二次出现时，令其位于Y轴0.420（=0.550-0.130）的位置，该数据点处于第一次出现该温度值的数据点的下方。（正如之前案例中提到过的，不是必须用0.130，其他值也可以，只是做这张图时可能更合适些而已。）

4. 现在数据终于设置完成，可以开始制作图表了，我们从制作箱线图开始。首先选择单元格区域S10:V13并插入堆积条形图。（见图28.4）。

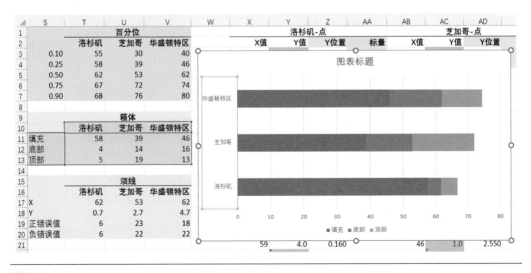

图28.4

5. 选择条形图最左边（蓝色）的分段并改为无填充：【设置数据系列格式】→【填充】
→【无填充】。对于另外两段，添加一个边框（【设置数据系列格式】→【边框】→【实
线】），使表示中值的线可见（见图28.5）。

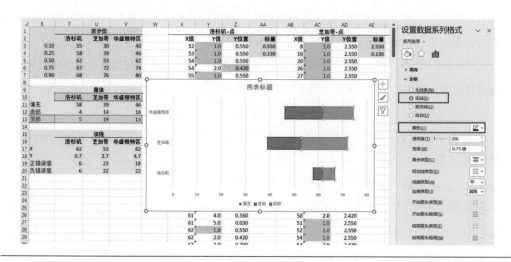

图28.5

6. 接下来，添加箱体的须线。首先添加第一个散点图，然后在左右两个方向上添加水平误
差线。选中图表单击鼠标右键，然后单击【选择数据】→【添加】以增加一个新数据列，其【系
列名称】为单元格T15，【系列值】为单元格区域T18:V18。单击【确定】按钮（见图28.6）。

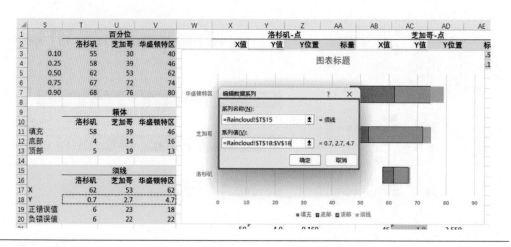

图28.6

7. 选择新数据列并将其改为用散点图表示（【图表设计】→【更改图表类型】→【组合图】）。返回图表，单击鼠标右键，【选择数据】→ "须线" →【编辑】，【X轴系列值】引用单元格区域T17:V17。单击两次【确定】按钮（见图28.7）。

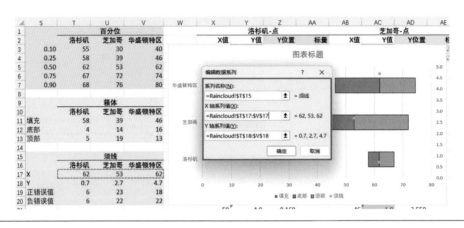

图28.7

8. 这时，图表中新增了一个【次要纵坐标轴】。编辑该坐标轴，使其与主坐标轴对齐。在本例中，坐标轴的范围可以设置为从0到6：选择次要纵坐标轴→【设置坐标轴格式】→【坐标轴选项】→【最小值】为0，【最大值】为6（见图28.8）。

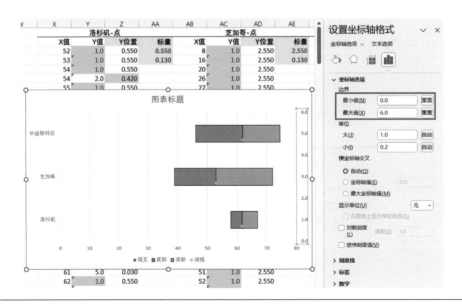

图28.8

9. 调整条形图的宽度，让散点图的数据标记与条形图的底部对齐，【设置数据系列格式】→【间隙宽度】设为230%。如果希望条形图更宽或更窄，可以调整【间隙宽度】的值，同时调整"须线"数据列中的Y值（见图28.9）。

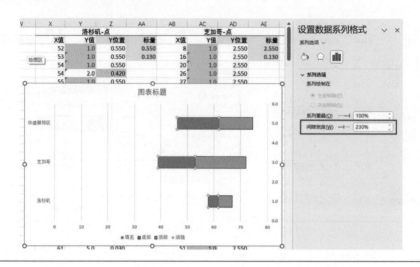

图28.9

10. 接着，添加"须线"。选中散点图，并在【图表设计】→【添加图表元素】→【误差线】→【其他误差线选项】菜单中添加误差线（见图28.10）。

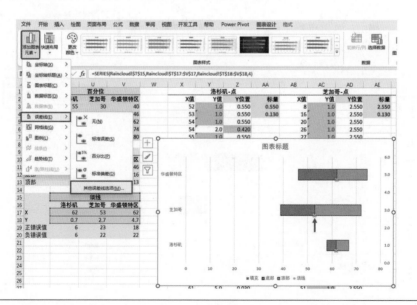

图28.10

11. 选择水平误差线，单击鼠标右键→【误差量】→【自定义】→【指定值】，并在【正错误值】中引用单元格区域T19:V19，在【负错误值】中引用单元格区域T20:V20。选中垂直误差线并删除（见图28.11）。

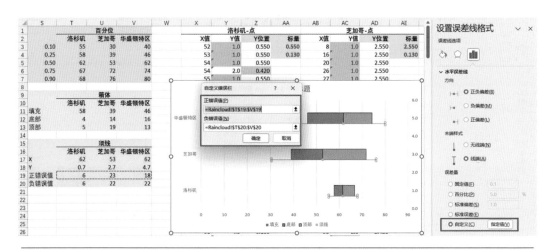

图28.11

12. 现在，添加最后一个新元素：表示数据的圆点。本质上，我们的目的就是创建一个由数据点构成的直方图，并将数据点分开，使它们可见。用三组数据添加三个新的散点图——单元格区域X3:X54和单元格区域Z3:Z54；单元格区域AB3:AB54和单元格区域AD3:AD54；以及单元格区域AF3:AF54和单元格区域AH3:AH54——一次添加一组。操作步骤：选中图表单击鼠标右键→【选择数据】→【添加】→【编辑数据系列】，然后单击两次【确定】按钮。请确保在【系列名称】中引用对应单元格，以便稍后返回编辑或设置不同格式。数据点的大小和外观取决于整个图表的大小，因此可能需要在【标记选项】处调整图表本身的大小（见图28.12）。

13. 最后，进一步优化图表：

a. 删除次要纵坐标轴。

b. 隐藏"须线"系列的标记（【设置数据系列格式】→【标记】→【标记选项】→【无】）。

c. 删除图例。

d. 设置X轴标签。添加华氏度的单位符号有助于更好地理解数据。选中X轴单击鼠标右键，【设置坐标轴格式】→【数字】→【自定义】，并在【格式代码】框中输入：#"°F";# "°F";0"°F"。此代码将在数字后面加上°F。（可以在【插入】→【符号】中找到度数符号。）

e. 单击条形图两次以单选具体的分段，手动调整各分段的颜色，以区分每个城市（见图 28.13）。

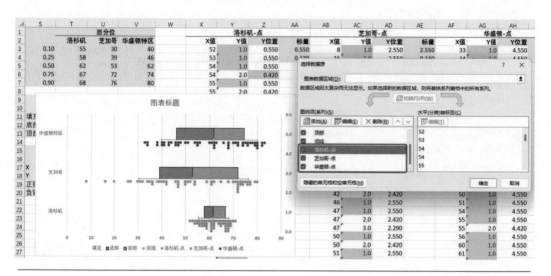

图28.12

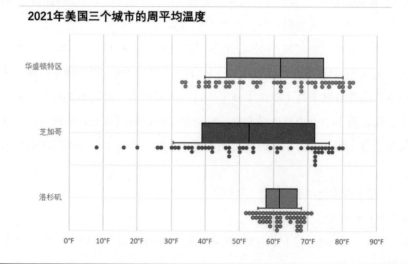

图28.13

快速操作指南

1. 整理数据并编辑公式。

2. 选择单元格区域S10:V13，插入堆积条形图。

3. 选择底部（蓝色）数据列：选中数据列单击鼠标右键➜【设置数据系列格式】➜【填充】➜【无填充】。

4. 调整条形图宽度：选中条形图单击鼠标右键➜【设置数据系列格式】➜【间隙宽度】设为230%。

5. 选择另外两个数据列（橙色和灰色）并添加边框：选中数据列，单击鼠标右键➜【设置数据系列格式】➜【边框】➜【实线】。

6. 添加"须线"数据列：选中图表➜单击鼠标右键➜【选择数据】➜【添加】➜【系列名称】：须线（单元格T15），【系列值】（单元格区域T18:V18）。

7. 将"须线"数据列改为用散点图表示：

a. 在Windows操作系统中：选择"须线"数据列➜【图表设计】➜【更改图表类型】➜【组合图】➜"须线"➜【散点图】。

b. 在macOS操作系统中：选择"须线"数据列➜【图表设计】➜【更改图表类型】➜【散点图】。

8. 添加"须线"数据系列的X轴系列值：选中图表➜单击鼠标右键➜【选择数据】➜"须线"➜【编辑】➜【X轴系列值】：单元格区域T17:V17。

9. 添加须线：选择散点图➜【图表设计】➜【添加图表元素】➜【误差线】➜【其他误差线选项】。

10. 设置水平误差线格式：选中误差线➜单击鼠标右键➜【设置误差线格式】➜

a. 把【方向】设为【正负偏差】。

b. 把【末端样式】设为【线端】。

c. 设置误差量，【误差量】➜【自定义】➜【指定值】➜【正错误值】：T19:V19，【负错误值】：单元格区域T20:V20。

11. 删除垂直误差线。

12. 编辑次要纵坐标轴：选中次要纵坐标轴，单击鼠标右键➜【设置坐标轴格式】➜【坐标轴选项】➜【边界】➜设置【最小值】为0，【最大值】为6。

13. 添加三个新数据列：选中图表→单击鼠标右键→【选择数据】→【添加】：

a. 系列名称："洛杉矶-点"（单元格X1）；【X轴系列值】：单元格区域X3:X54；【Y轴系列值】：单元格区域Z3:Z54。

b. 系列名称："芝加哥-点"（单元格AB1）；【X轴系列值】：单元格区域AB3:AB54；【Y轴系列值】：单元格区域AD3:AD54。

c. 系列名称："华盛顿-点"（单元格AF1）；【X轴系列值】：单元格区域AF3:AF54；【Y轴系列值】：单元格区域AH3:AH54。

注意：数据点的大小和外观将取决于整个图表的大小。

14. 隐藏"须线"数据列的标记：选中"须线"数据列，单击鼠标右键→【设置数据系列格式】→【标记】→【标记选项】→【无】。

15. 删除图例和次要纵坐标轴。

第29章

优化表格

在制作图表的最后一章，我们简要地说一下Excel中的表格。是的，表格也是数据可视化的一种形式。如果你想要展示特定的数值，表格可能比图表更有效。就像图表一样，表格也是由多部分构成的，可以对每个部分进行调整以设计我们需要的样式（见图29.1）。

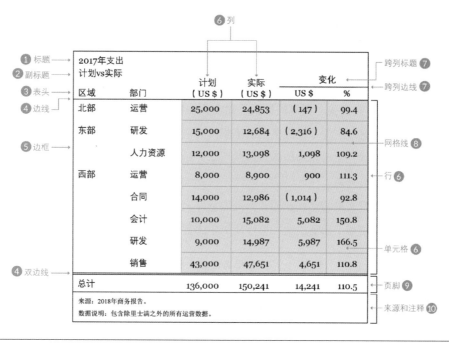

图29.1 来源：Jonathan Schwabish.《更好的数据可视化指南》.

Excel仍是创建整洁、有效表格的最佳工具之一。可以轻松地通过改变边框、填充、字体样式等条件来设置单元格格式。在【条件格式】旁边有一个内置的【套用表格格式】。它的优点是，可以轻松自定义表格（如边框，镶边行或列，以及汇总行或列）。这些默认设置也可供残障人士访问，他们可能需要使用屏幕阅读器进行辅助（见图29.2）。

图29.2

总的来说，在Excel中制作更好的表格可以遵循以下五条准则（在《更好的数据可视化指南》第11章中有详细介绍）。

1. 区分表格主体与表头、页脚的样式。很多人在制作表格时，将表头和页脚的样式设置为和主体表格没什么区别。为了使表格更易于阅读并引导读者注意这些部分，可以另外设置表头和页脚的样式。比如把文本设为粗体，或使用【开始】选项卡中的【边框】来添加下框线，将其与表格的主体区分开来。

在表29.1中，所有文本的样式相同，因此看起来就是一堆数字。在表29.2中，加粗的文本和简洁的线条为表格增加了视觉层次，更好地引导读者的视线，标题也更醒目。

表 29.1　2019 年各国收入和健康水平

国家	人口	人均GDP(US$)	预期寿命
孟加拉国	145924795	$1,855.74	72.59 年
巴西	193886505	$8,897.55	75.88 年
中国	1331260000	$10,143.84	76.91 年
埃及	81134789	$3,019.09	71.99 年
埃塞俄比亚	85233923	$855.76	66.6 年
印度	1217726217	$2,100.75	69.66 年

续表

国家	人口	人均GDP(US$)	预期寿命
印度尼西亚	238620554	$4,135.20	71.72 年
日本	128047000	$40,777.61	84.36 年
墨西哥	112463886	$9,950.45	75.05 年
尼日利亚	154324939	$2,229.86	54.69 年
巴基斯坦	175525610	$1,288.56	67.27 年
菲律宾	92414161	$3,485.34	71.23 年
俄罗斯	142785349	$11,685.42	73.08 年
美国	306771529	$65,279.53	78.79 年
越南	87092250	$2,715.28	75.4 年
全球平均值	314251079	$17,114.17	72.62 年

表 29.2　2019 年各国收入和健康水平

国家	人口	人均 GDP(US$)	预期寿命
孟加拉国	145924795	$1,855.74	72.59 年
巴西	193886505	$8,897.55	75.88 年
中国	1331260000	$10,143.84	76.91 年
埃及	81134789	$3,019.09	71.99 年
埃塞俄比亚	85233923	$855.76	66.6 年
印度	1217726217	$2,100.75	69.66 年
印度尼西亚	238620554	$4,135.20	71.72 年
日本	128047000	$40,777.61	84.36 年
墨西哥	112463886	$9,950.45	75.05 年
尼日利亚	154324939	$2,229.86	54.69 年
巴基斯坦	175525610	$1,288.56	67.27 年
菲律宾	92414161	$3,485.34	71.23 年
俄罗斯	142785349	$11,685.42	73.08 年
美国	306771529	$65,279.53	78.79 年
越南	87092250	$2,715.28	75.4 年
全球平均值	314251079	$17,114.17	72.62 年

2. **减少数字的位数并将表格中的内容对齐**。通过减少数字的位数并对齐文本和数字，使数据表更容易阅读。没有所谓"正确"的数字，对于这张表格，并不需要展示每个国家精确到个位的人数或人均GDP。当要减少数据位数时（例如以百万为单位显示人口），可以在列标题

或表格副标题中添加单位。

说到对齐，人们习惯于从左到右阅读，因此文本左对齐更容易阅读。而数字则是沿着小数点或逗号右对齐更容易阅读。有时可能需要添加一些尾随零来确保数字对齐，这有利于数值间的相互比较。表29.3将人均GDP数据右对齐，表29.2则是居中对齐， 表29.3能更快、更容易地看出最高值和最低值。

表 29.3 2019 年各国收入和健康水平

国家	人口(百万)	人均GDP(US$)	预期寿命
孟加拉国	146	$1,856	72.6 年
巴西	194	$8,898	75.9 年
中国	1331	$10,144	76.9 年
埃及	81	$3,019	72.0 年
埃塞俄比亚	85	$856	66.6 年
印度	1218	$2,101	69.7 年
印度尼西亚	239	$4,135	71.7 年
日本	128	$40,778	84.4 年
墨西哥	112	$9,950	75.1 年
尼日利亚	154	$2,230	54.7 年
巴基斯坦	176	$1,289	67.3 年
菲律宾	92	$3,485	71.2 年
俄罗斯	143	$11,685	73.1 年
美国	307	$65,280	78.8 年
越南	87	$2,715	75.4 年
全球平均值	314	$17,114	72.6 年

有时居中显示数字的效果会比右对齐更好。比如表29.4中通过填充色来突显单元格，数字右对齐的表格看起来很奇怪，这是因为数字左侧的空间比右侧的空间多。此时将数字居中的效果更好，我在表29.5中，使用【开始】选项卡中的【缩进】按钮将数字位置移到单元格的中心，同时以千分符为基准右对齐。

表 29.4 2019 年各国收入和健康水平

国家	人口(百万)	人均GDP(US$)	预期寿命
孟加拉国	146	$1,856	72.6 年
巴西	194	$8,898	75.9 年

续表

国家	人口(百万)	人均GDP(US$)	预期寿命
中国	1331	$10,144	76.9 年
埃及	81	$3,019	72.0 年
埃塞俄比亚	85	$856	66.6 年
印度	1218	$2,101	69.7 年
印度尼西亚	239	$4,135	71.7 年
日本	128	$40,778	84.4 年
墨西哥	112	$9,950	75.1 年
尼日利亚	154	$2,230	54.7 年
巴基斯坦	176	$1,289	67.3 年
菲律宾	92	$3,485	71.2 年
俄罗斯	143	$11,685	73.1 年
美国	307	$65,280	78.8 年
越南	87	$2,715	75.4 年
全球平均值	314	$17,114	72.6 年

表 29.5 2019 年各国收入和健康水平

国家	人口(百万)	人均GDP(US$)	预期寿命
孟加拉国	146	$1,856	72.6 年
巴西	194	$8,898	75.9 年
中国	1331	$10,144	76.9 年
埃及	81	$3,019	72.0 年
埃塞俄比亚	85	$856	66.6 年
印度	1218	$2,101	69.7 年
印度尼西亚	239	$4,135	71.7 年
日本	128	$40,778	84.4 年
墨西哥	112	$9,950	75.1 年
尼日利亚	154	$2,230	54.7 年
巴基斯坦	176	$1,289	67.3 年
菲律宾	92	$3,485	71.2 年
俄罗斯	143	$11,685	73.1 年
美国	307	$65,280	78.8 年
越南	87	$2,715	75.4 年
全球平均值	314	$17,114	72.6 年

　　3. 调整行和列的大小。双击Excel中行或列之间的分隔符，会根据单元格里的内容将单元格自动调整到最大宽度或高度。在表29.6中，我增加了标题单元格A1所在的第一列的列宽。同

样地，我们也可以缩小表示人口的第二列的列宽，使列标题分为两行，这样其数据就会更靠近国家名称显示。如表29.7所示。没有所谓的完美列宽或行高——我的策略是为最长的内容寻找一个合适的宽度，以此为基准调整其他列宽，使整张表看起来更协调。

表 29.6 2019 年各国收入和健康水平

国家	人口(百万)	人均GDP (US$)	预期寿命
孟加拉国	146	$1,856	72.6 年
巴西	194	$8,898	75.9 年
中国	1331	$10,144	76.9 年
埃及	81	$3,019	72.0 年
埃塞俄比亚	85	$856	66.6 年
印度	1218	$2,101	69.7 年
印度尼西亚	239	$4,135	71.7 年
日本	128	$40,778	84.4 年
墨西哥	112	$9,950	75.1 年
尼日利亚	154	$2,230	54.7 年
巴基斯坦	176	$1,289	67.3 年
菲律宾	92	$3,485	71.2 年
俄罗斯	143	$11,685	73.1 年
美国	307	$65,280	78.8 年
越南	87	$2,715	75.4 年
全球平均值	314	$17,114	72.6 年

表 29.7 2019 年各国收入和健康水平

国家	人口 (百万)	人均GDP (US$)	预期寿命
孟加拉国	146	$1,856	72.6 年
巴西	194	$8,898	75.9 年
中国	1331	$10,144	76.9 年
埃及	81	$3,019	72.0 年
埃塞俄比亚	85	$856	66.6 年
印度	1218	$2,101	69.7 年
印度尼西亚	239	$4,135	71.7 年
日本	128	$40,778	84.4 年
墨西哥	112	$9,950	75.1 年

续表

国家	人口 （百万）	人均GDP （US$）	预期寿命
尼日利亚	154	$2,230	54.7 年
巴基斯坦	176	$1,289	67.3 年
菲律宾	92	$3,485	71.2 年
俄罗斯	143	$11,685	73.1 年
美国	307	$65,280	78.8 年
越南	87	$2,715	75.4 年
全球平均值	314	$17,114	72.6 年

4. 删除重复的单位。表格目前看上去已经不错了。最后，删除表格中重复的单位。在本例中，人均GDP这一列中保留了美元符号，但很明显，这一列的数据都遵循列标题设定的美元单位，因此可以将数字前的美元符号删除。在有些情况下，我可能会将单位留在第一行和最后一行。最后一列中的"年"也是不必要的，而且会让表格看上去很混乱。可以在列标题中添加一个副标题或标签进行说明（见表29.8）。

表 29.8 2019 年各国收入和健康水平

国家	人口 （百万）	人均GDP （US$）	预期寿命 （年）
孟加拉国	146	1,856	72.6
巴西	194	8,898	75.9
中国	1331	10,144	76.9
埃及	81	3,019	72.0
埃塞俄比亚	85	856	66.6
印度	1218	2,101	69.7
印度尼西亚	239	4,135	71.7
日本	128	40,778	84.4
墨西哥	112	9,950	75.1
尼日利亚	154	2,230	54.7
巴基斯坦	176	1,289	67.3
菲律宾	92	3,485	71.2
俄罗斯	143	11,685	73.1
美国	307	65,280	78.8
越南	87	2,715	75.4
全球平均值	314	17,114	72.6

5. 添加适当的视觉效果。一般来说，表格是用来展示详细数据的。但有时，我们也希望表格能更直观，并引起人们对某些数字、数值或异常值的关注。这时，可以利用【条件格式】功能在表格中添加视觉效果。如图29.3所示的表，我不一定会使用它，只是用它来展示我们可以在Excel中添加的视觉元素。

2019年各国收入和健康水平

国家	人口 （百万）	人均GDP （$）		预期寿命 （年）
中国	1331	10,144	▽	76.9
印度	1218	2,101	▽	59.7
美国	307	65,280	▲	78.8
印度尼西亚	239	4,135	▽	71.7
巴西	194	8,898	▽	75.9
巴基斯坦	176	1,289	▽	67.3
尼日利亚	154	2,230	▽	54.7
孟加拉国	146	1,856	▽	72.6
俄罗斯	143	11,685	▽	73.1
日本	128	40,778	▲	84.4
墨西哥	112	9,950	▽	75.1
菲律宾	92	3,485	▽	71.2
越南	87	2,715	▽	75.4
埃塞俄比亚	85	856	▽	66.6
埃及	81	3,019	▽	72.0
全球平均值	**314**	**17,114**		**72.6**

图29.3

　　a. 在【开始】→【条件格式】→【数据条】中创建条形图。

　　b. 使用Wingdings3字体添加图标，并通过【条件格式】→【突出显示单元格规则】→【等于】为其设置颜色。

　　c.在【条件格式】→【最前/最后规则】→【前10项】中设置突出显示前5个值。

　　许多制表的人没有意识到，无论人们读表还是读图，颜色、字体大小、粗细、对齐方式和其他设置都可能有助于或妨碍读者处理及获取信息。因此，图表中的策略同样可以用来设置表格，从而改善读者的阅读体验。

第3部分

从 Excel 导出可视化结果

从 Excel 导出图片

Excel没有内置的图像导出功能，因此需要通过其他方式生成高分辨率的Excel图表，以便作为图像文件分享或发布到互联网。许多人用屏幕截图导出图表，结果图表往往看起来很模糊，尤其是与周围的文本相比。由于截屏的质量取决于显示器分辨率，因此很难保证截图的品质是一致的（见图30.1）。

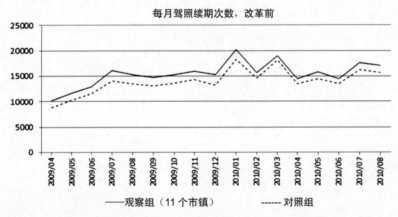

每月驾照续期次数，改革前

——观察组（11个市镇）　　------ 对照组

注释: 本图中的数据选用了2010年9月后实施改革的11个（共16个）市镇

来源: DETRAN

图30.1　资料来源：Fredriksson, Anders. 一站式政务服务：来自巴西政务服务中心的证据，政策分析与管理杂志，2020：1133-1165。

通过以下五种常用方法，可以将Excel图表转成图片。

1. 利用PowerPoint。在Excel中复制图表，并将其作为Excel对象（而不是图像）粘贴到PowerPoint中。在PowerPoint中，我们可以将幻灯片调整为特定尺寸，并直接导出修改后的图片。在Windows操作系统中，有两种方式从PowerPoint中导出图片。第一种，通过【文件】菜单中【另存为】选项。第二种，选中图形单击鼠标右键并选择【另存为图片】。我发现第二种方法能导出更高质量的图片。对于macOS操作系统，只能用第一种方法。

2. 使用VBA代码。可以通过编写VBA代码在Excel中创建一个导出引擎。我已经测试过这种方法，但最终图片的质量并没有那么高，可能是因为这种方法导出的图片分辨率取决于显示器的质量。

3. 另存为PDF。在Excel中，可以将图表另存为PDF文件（通过【文件】→【另存为】），然后用Adobe Acrobat软件裁剪图片，并将其导出为你需要的格式（JPEG、PNG或TIFF）。我测试了一些选项，但图片质量似乎配不上烦琐的操作过程。

4. 使用"预览"工具（仅限macOS操作系统）。在macOS操作系统中，从Excel中复制（选中图表，按CMD+C快捷键）整个图表，打开"预览"工具，并新建一个文档（按CMD+N快捷键）。复制的图表会直接加载到预览中。在预览中，选择【保存】并将文件格式改为PNG。在保存窗口中，我们可以将每英寸点数（DPI）改为我们想要的任何值（300 DPI效果比较好）。在我测试的所有方法中，这一种生成的图片质量比较高，也是我日常工作中使用的方法。

5. 屏幕截图。最后一个选择是屏幕截图（截屏）功能。macOS操作系统上的截屏效果比Windows操作系统好，因为macOS操作系统显示器的分辨率更高。但是图像大小可能根据光标的位置而变化。也可以用Snagit或ScreenPal等第三方工具来生成高分辨率的图片，从而无须依赖计算机内置的截屏功能，但如果是局部截屏，让图片大小一致是个需要考虑的问题。

我用一张图在MacBook Pro笔记本电脑和华硕（PC）笔记本电脑上进行了测试，这两款电脑使用的软件都是Office 365版本。除了对图像质量进行主观评估，我还记录了图像的大小和尺寸（以像素为单位），以提供更客观的衡量标准（见表30.1）。

表30.1

操作系统	方法	格式	图片大小(KB)	宽(像素)	高(像素)	面积(像素)	评价和说明
macOS	从PPT导出为GIF	GIF	48	1,000	797	797,000	清晰度较低
macOS	单击鼠标右键另存为图片	GIF	20	587	468	274,716	清晰度合格，只有在macOS操作系统中才能使用此方法
Windows	从PPT另存为GIF	GIF	25	705	589	415,245	清晰度较低
Windows	从Excel复制到PPT，在PPT中单击鼠标右键另存为GIF	GIF	21	704	588	413,952	清晰度较低
macOS	截屏	JPG	280	1,782	1,382	2,462,724	清晰度较低
macOS	从PPT另存为JPEG	JPG	116	1,000	797	797,000	清晰度较低
macOS	右键单击另存为图片	JPG	56	587	468	274,716	清晰度合格，只有在macOS操作系统中才能使用此方法
Windows	另存为PDF并导出为JPEG	JPG	79	734	613	449,942	步骤烦琐
Windows	从PPT另存为JPEG	JPG	77	705	589	415,245	清晰度较低
Windows	从Excel复制到PPT，在PPT中单击鼠标右键另存为JPEG	JPG	158	1,102	919	1,012,738	和无损的PNG格式清晰度一样
Windows	另存为PDF	PDF	63	N/A	N/A	N/A	不能直接贴在网页上
macOS	从Excel复制到预览，另存为PNG	PNG	303	2,445	1,950	4,767,750	macOS操作系统中推荐的方法
macOS	从PPT创建PNG	PNG	123	1,000	797	797,000	清晰度较低
macOS	单击鼠标右键另存为图片	PNG	50	587	468	274,716	清晰度可以，只有在macOS操作系统中才能使用此方法
Windows	另存为PDF并导出为PNG	PNG	33	1,468	1,226	1,799,768	步骤烦琐
Windows	从PPT另存为PNG	PNG	42	705	589	415,245	清晰度较低
Windows	从Excel复制到PPT，在PPT中单击鼠标右键另存为PNG	PNG	85	1,101	919	1,011,819	在Windows操作系统中推荐该方法
Windows	截屏 (WIN+Shift+S)	PNG	56	865	726	627,990	清晰度较低
macOS	从PPT另存为TIFF	TIFF	2400	1,000	797	797,000	文件太大
Windows	从PPT另存为TIFF	TIFF	69	705	589	415,245	清晰度较低
Windows	从Excel复制到PPT，在PPT中单击鼠标右键另存为TIFF	TIFF	185	1,101	919	1,011,819	和PNG格式清晰度一样，但文件更大

当然，尺寸很重要。如果你只需要缩略图，那么这些方法中的分辨率损失可能无关紧要。但通常情况下你需要的是一张较大的图，不同方法可能会对图像分辨率产生很大影响。仔细观察图30.2和图30.3，就能看出清晰度的差异。

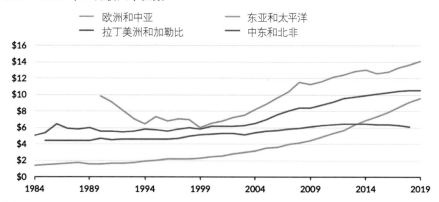

来源: Our World In Data. PovCal, 2021.

注释: 收入或支出中位数来自家庭调查。一些国家进行调查时询问的是收入，而另一些询问的是支出。图中的数据根据价格随时间的变化（通货膨胀）和国家之间的差异进行了调整，并换算为美元单位-$

图30.2

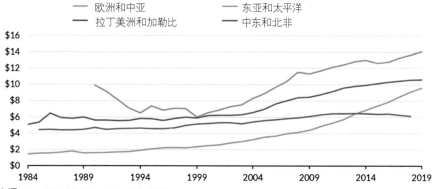

来源: Our World In Data. PovCal, 2021.

注释: 收入或支出中位数来自家庭调查。一些国家进行调查时询问的是收入，而另一些是询问支出。图中的数据根据价格随时间的变化（通货膨胀）和国家之间的差异进行了调整，并换算为美元单位-$

图30.3

图30.2是通过在macOS操作系统中将Excel图表复制到预览的方式导出图片；图30.3是在Windows操作系统中使用屏幕截图的方式导出图片。

把标题放大后进行对比，就能看出明显的区别（见图30.4）。

| 在macOS操作系统中将Excel图表复制到预览 | **Daily Median Income, 1984 to 2019**
——Europe and Central Asia
——Latin America and the Caribbean | 1984—2019 年，日收入中位数
— 欧洲和中亚
— 拉丁美洲和加勒比 |
| Windows操作系统中的屏幕截图 | **Daily Median Income, 1984 to 2019**
——Europe and Central Asia
——Latin America and the Caribbean | 1984—2019 年，日收入中位数
— 欧洲和中亚
— 拉丁美洲和加勒比 |

图30.4　注释：中文文字为翻译，与导出图片的效果无关。

如果你在Word中撰写文本报告时需要使用Excel中的图表，以上方法也适用，不过你并不需要这么做。可以直接把Excel图表粘贴到Word（或PowerPoint）中。直接复制通常会把工作表带过来，我不喜欢，因为会让文件变得很大，并且包含所有后台的数据，从而导致潜在的安全问题（见Paradi，2014）。你可以把图表粘贴为图片（在【选择性粘贴】菜单中）。我建议Windows用户使用增强型元文件选项，macOS用户使用PDF选项。但是，如果你在Excel中对图表进行了任何更改，则需要将更改后的图表重新粘贴到其他应用程序中（见图30.5）。

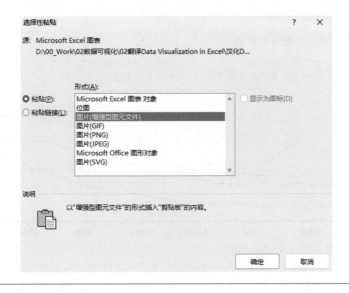

图30.5

最后总结一下，在不使用第三方工具的情况下，如果要生成独立的图片，我建议Windows

和macOS用户分别使用如下方式：

- Windows 用户。在 Excel 中复制图表（Ctrl+C 快捷键），并将其作为 Excel 对象粘贴到 PowerPoint 中。（用【设计】中的【幻灯片大小】将幻灯片大小设置为与图表大小相匹配。）选中幻灯片单击鼠标右键，选择【另存为图片】，然后存储为 PNG 格式。

- macOS 用户。在 Excel 中复制图表（CMD+C 快捷键），在预览中新建文件（CMD+N 快捷键），然后另存为 PNG 图片（把分辨率改为 300 DPI）。此过程可确保图片大小和质量都保持一致。

上述方法有三个主要优点：

1. 图像质量高，文件类型相同（PNG）。

2. 图像大小相同。

3. 步骤比较简单。

从Excel导出高质量的图表无疑是一项挑战。但我们可以通过了解计算机能做什么和不能做什么来战胜它。本章列出的一些方法为创建高分辨率Excel图表提供了一条可行的路径。

图表再设计及可视化案例

到目前为止，希望你的Excel技能已经有所（或者大大）提升。你已经学习了通过各种方法、公式和格式设置来制作图表。随着你的Excel技能进一步提升，你会发现还有很多操作可以提高效率，并实现更好的数据可视化效果。

在本章中，我们将综合运用案例中提到的各种方法，对在其他工具中创建的图表进行重制或再设计。我不会一步一步地解释如何制作这些图表。我想展示的是，如何灵活运用我们学到的基本策略，以实现更好的数据可视化效果。

这些调整方法并不是创建图表的唯一方法，也可能不是最佳方法，但每个示例都用到了本书中提到的工具和技术。

美国人是如何投票的

2022年年初，数据可视化创作者Erin Davis在Twitter上发布了一张美国的瓷砖网格地图，在不到一周的时间里获得了近40000个赞。在她的地图中，每个州都是一个面积图，包含三个数据列，分别显示1850年至2020年有多少人出生在该州、其他州，以及美国外。后来，Erin写了一篇如何用R语言创建地图的博客文章，用的是1976年至2020年总统选举投票的结果数据（见图31.1）。

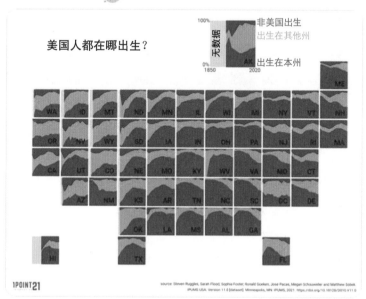

图31.1 来源：Erin Davis. Twitter，2022年2月2日.

结合Erin的例子，我们正好可以来扩展第23章中创建的斜率瓷砖网格地图。如何将其扩展到包括12个观测值、而不是每个州只有2年的数据，并将斜率图（折线图）改为面积图（见图31.2）？

制作这张图的挑战主要在于数据整理，而不是可视化。和第23章中创建的瓷砖网格地图类似，这张地图由一系列面积图组成。用带有误差线的散点图制作垂直分界线。另外插入一个散点图并添加州缩写标签。

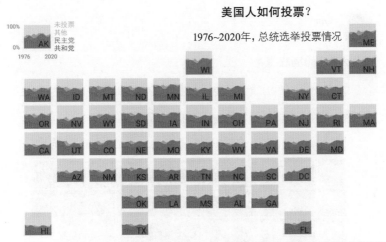

图31.2

　　简单来说，就是生成的数据表格很大。每个州包含四个数据列，再加上一个作为州与州之间水平间隔的数据列，乘以12年，再添加一行作为垂直间隔，最终得到了一个40列、143行（5720个单元格）的数据表。这还只是地图本身（见图31.3）！

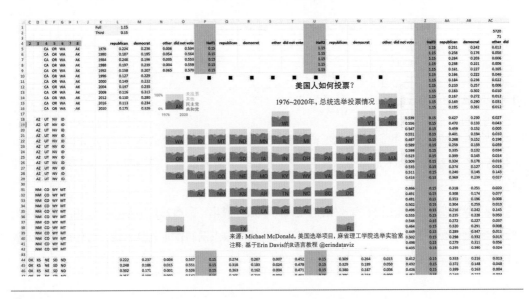

图31.3

美国车祸死亡人数下降

2021年春季，《纽约时报》的Nicholas Kristof和Bill Marsh撰写了一篇关于减少美国枪支暴力和枪支管制法律的评论文章。他们将过去几十年围绕枪支管制的立法与交通安全进行了比较。图31.4选取了文中关于交通安全的图表，生成该图表并不复杂，它包含了71年的数据，以柱形图排列，第一条和最后一条为红色，中间的柱形为黄褐色，按十年交替排列。此外，十个特定年份均带有注释（见图31.4）。

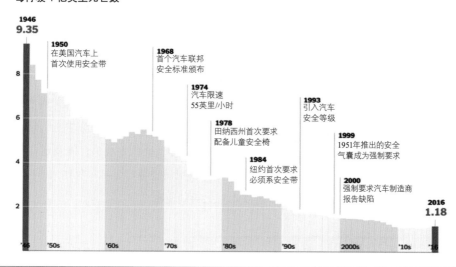

图31.4　来源：Bill Marsh. 纽约时报公司，2021.

这张图表可以在Excel中创建，并且不用画一堆线也不用添加文本框吗？当然可以。用一些精心组合的柱形图和散点图即可实现（见图31.5）。

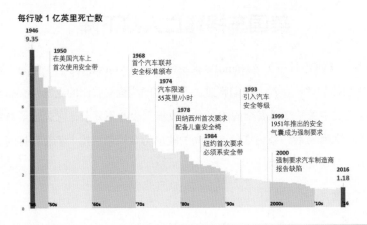

图31.5

　　尽管图形本身很简单，但将所有注释和标签与数据结合是个挑战。主图包含三组柱形图——两根红色柱形图、以10年为一组的浅黄褐色柱形图、以10年为一组的深黄褐色柱形图。我们可以添加一系列的散点图，用来定位Y轴的标签位置（底部的橙红色方块），定位柱形图上的白色网格线（左侧的黑色方块），定位注释的占位符（蓝色方块），以及定位年份标记（绿色方块）。一些特别的文字间隔需要提前在单元格里设置分行显示（见图31.6右下角"注释文本"下的内容），不建议通过拖动标签文本框来手动调整。

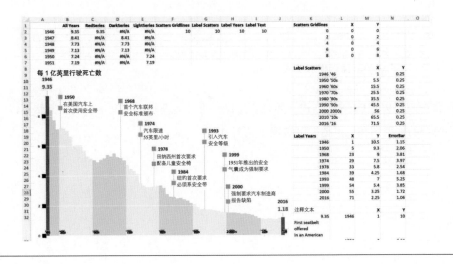

图31.6

美国贫困人口分布情况

在第24章中，我们介绍了几种将两个数据分布叠放在同一个图上的方法。那么，如果是和地理位置有关的数据分布呢？很多人会认为绘制地图是可视化这种数据分布的不二之选，但如果你讲述的数据故事和地理位置关系不大，地图可能不是个好的选择。

如果我们更关注数据的分布，可以创建一个直方图或类似的图形。以2020年美国的贫困率为例。我们可以选择绘制一个由6个柱形图构成的直方图，这让我们对数据有个大致了解（见图31.7）。但也许我们能换一种方式，给读者更多的细节？

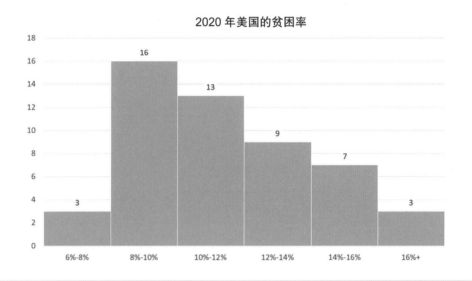

图31.7

在图31.8中，我们把抽象的柱形图替换为每个州的名称，并按所在区域设置颜色。这个版本结合了直方图和地缘信息，使我们能够看到数据的分布和地理位置信息。

图31.8

　　同样，为了达到这种可视化效果，需要结合柱形图和散点图，柱形图有助于对齐堆叠的州名以及X轴上的标签。它需要一些整理数据的技巧和IF函数来为四个区域分别创建单独的数据系列（使用"#N/A"，以免绘制过多数据）。然后，插入一些散点图来添加列标题和图例（见图31.9）。

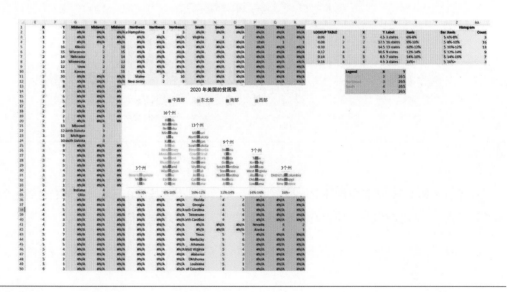

图31.9

公立学校早上什么时候开始上课

在本例中，数据显示了2017—2018学年美国各州公立学校早上的平均开课时间。与贫困率的数据一样，用地图来表示这些数据可能不是最好的选择。那为什么不使用时钟的钟面呢？在图31.10中，可以看到，North Carolina（NC）和South Carolina（SC）的公立学校平均在上午8:00开始上课（见图片顶部的蓝色标签），Washington D.C.（DC）和Alaska（AK）的公立学校平均在上午8:30开始上课（见图中最底部的蓝色标签）。

2017—2018 学年公立学校早上的平均开课时间

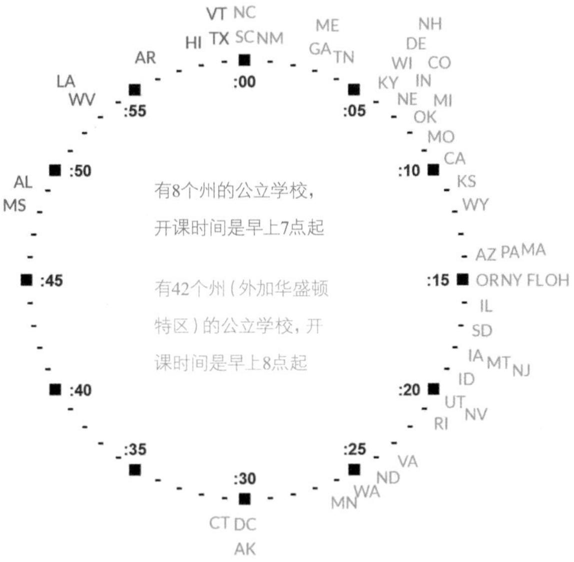

图31.10 来源：Jonathan Schwabish. 数据视觉化沟通实践：什么是有效的. 公共利益心理科学，2021a：97–109。

请记住在Excel中进行有效可视化操作的理念：在X-Y坐标轴中绘制线条、条形或圆形。从本质上讲，钟面就是一个圆圈，外加周围的一系列点或标记，可以利用几何知识来定位这些点。一旦弄清楚如何在圆圈周围放置60个标记来显示时间，完成图表的过程就是制作一个稍大的圆圈，来放置每个州缩写的标签。我发现在数据表中填充颜色区分数据列有助于整理数据，方便以后更新时使用（见图31.11）。

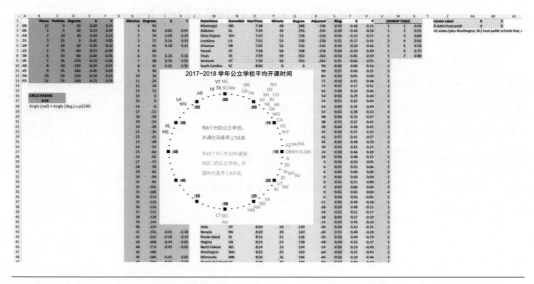

图31.11

有多少种方法标记点状图

我们在第18章中制作了点状图，但并没有过多关注如何在图表中标记点和线。2021年秋，Axios的数据记者Will Chase发布了一张点状图，显示了七大社交媒体平台从推出到拥有10亿活跃用户所需的时间（见图31.12）。

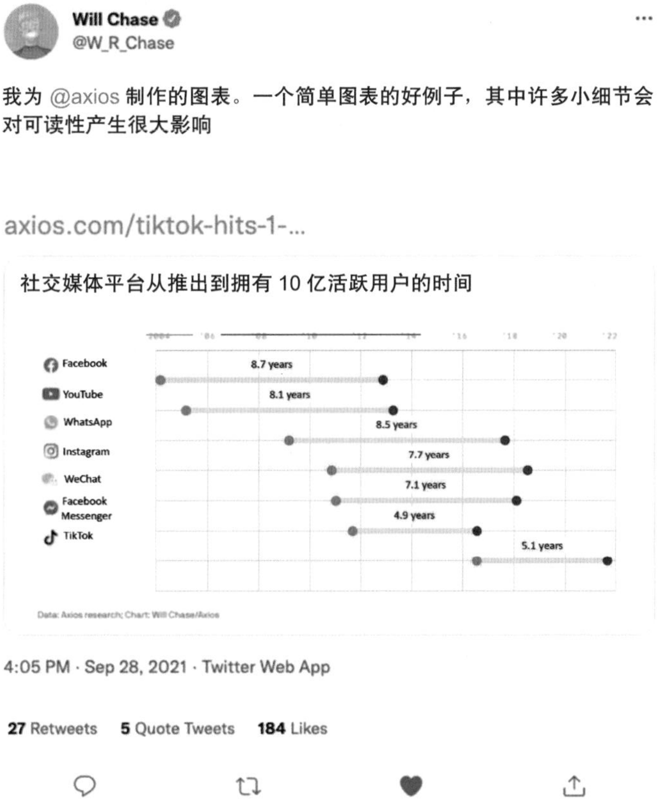

Will Chase ✔
@W_R_Chase

我为 @axios 制作的图表。一个简单图表的好例子，其中许多小细节会
对可读性产生很大影响

axios.com/tiktok-hits-1-...

4:05 PM · Sep 28, 2021 · Twitter Web App

27 Retweets　**5** Quote Tweets　**184** Likes

图31.12　来源：Will Chase. Twitter，2021年9月28日.

　　Will的方法为我们提出了一个问题：如何在Excel中创建这个点状图，以及添加标签有哪些方法？点状图的制作方式之前已经讲过，先用散点图放置数据，然后用其他散点图添加标签。标签的位置取决于数据的内容和整体形状。在本例中，标签可以位于数据点的右边、上边或左边。如果数据比较多，选择一种好的标记方式，会让数据的可读性更强（见图31.13~31.16）。

社交媒体平台从推出到拥有 10 亿活跃用户的时间

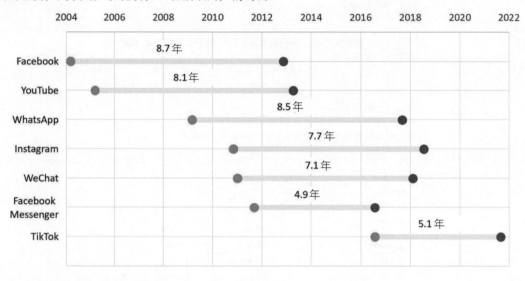

图31.13

社交媒体平台从推出到拥有 10 亿活跃用户的时间

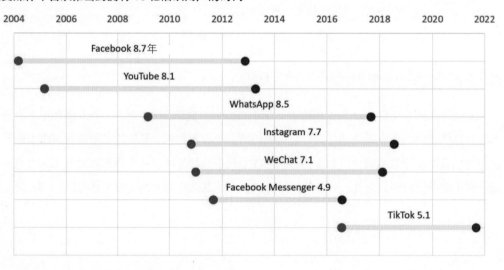

图31.14

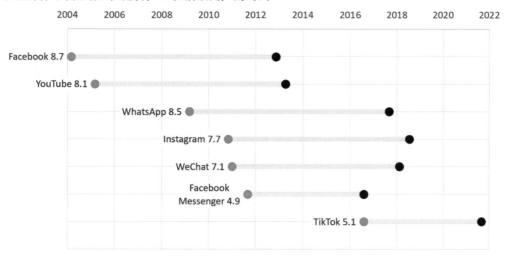

图31.15

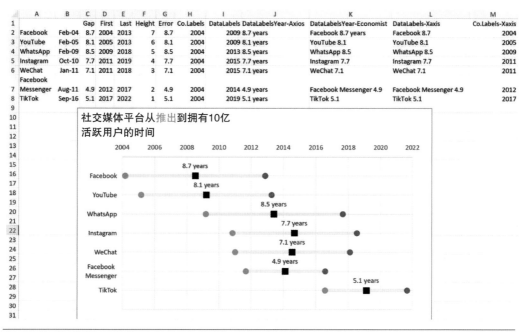

图31.16

匹兹堡青少年被捕案

2020年末，一个研究团队向我寻求帮助，其成员来自匹兹堡大学、宾夕法尼亚州美国公民自由联盟，以及Gwen's Girls股份有限公司（总部位于匹兹堡的一家致力于赋予女孩和年轻女性权力的组织）。他们希望我为他们的报告提供数据可视化指导。他们的研究集中在匹兹堡市和阿勒格尼县的青少年司法改革，以及将黑人青少年移交司法审判的过度化。

在他们的一张图表中，研究小组调查了不同种族（黑人和白人）、性别（男孩和女孩）和警局（市警察局和匹兹堡公立学校警察局）的青年被捕人数。图表中的数据讲述了一个引人注目的故事，但图表本身就显得相形见绌（见图31.17）。

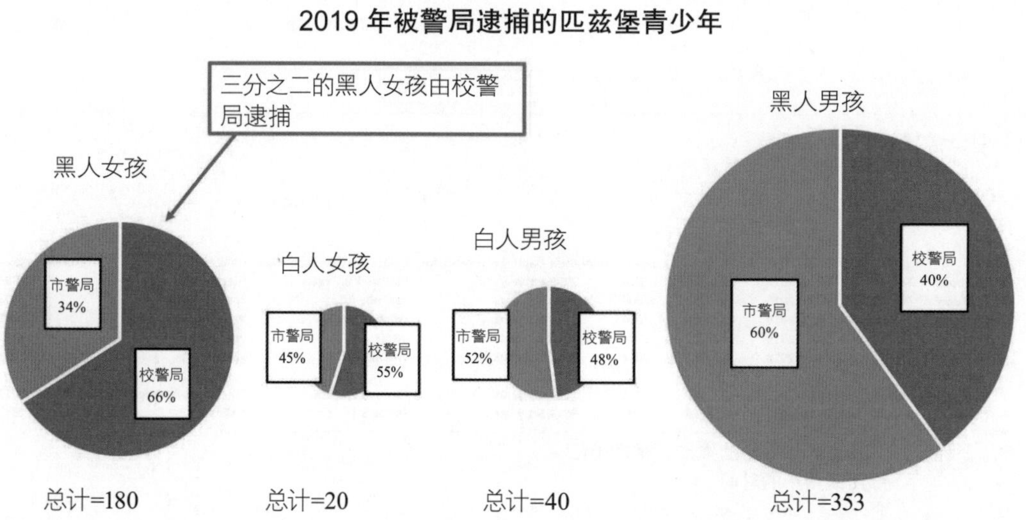

2019年被警局逮捕的匹兹堡青少年

图31.17

虽然我并不反对使用饼图，但这些图表很难阅读和理解，读者不仅要比较两个扇形的大小，还要比较圆的大小。

我认为马赛克图效果更好。马赛克图类似于一个堆叠的条形图，条形的长和宽分别代表某一个变量。类似于第25章中的玛莉美歌图，只不过Y轴和X轴显示的是一个总额（见图31.18）。

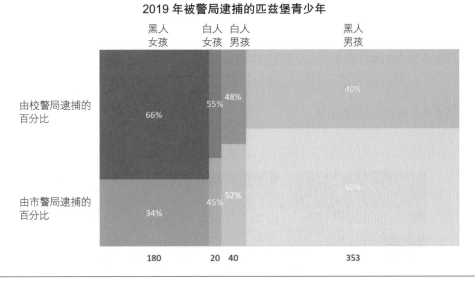

图31.18

我在Excel中创建了该图，将四组数据排列成八个不同的数据列（每个性别和种族都有），并插入堆积条形图中。再插入三个单独的散点图，以添加上、下边缘和左边缘的标签。最后插入一个散点图数据列，在每个矩形的中心添加数字标签（见图31.19）。

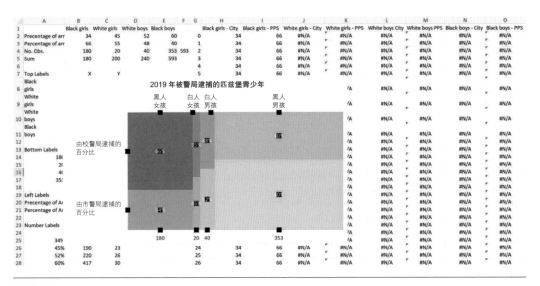

图31.19

　　这张图已经很接近该团队想要的效果，不过，他们在后期追加了一些设计，添加了额外的解释和注释，修改了字体，以及添加了好看的箭头。在Excel中构建图表是一项有用的练习，可以帮你弄清楚它能做什么。当然，最终的可视化效果需要结合其他设计工具来实现（见图31.20）。

2019 年被警局逮捕的匹兹堡青少年

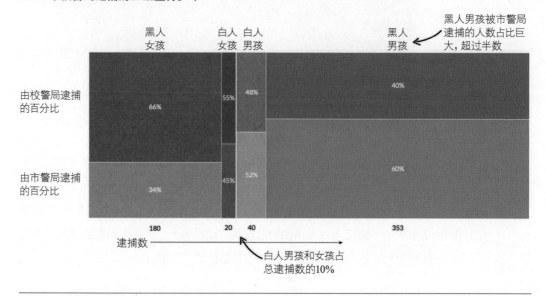

图31.20　来源：Kathi Elliott，Sara Goodkind，Ghadah Makoshi，Jeff Shook. 理解和解决制度化的不平等：影响阿勒格尼县黑人青年移交司法机关的途径. 2020.

总结

　　你可能在读本书之前从未用过Excel。或者，你也可能已经用它制作了无数的图形、图表和表格。无论你处在哪个阶段，我希望你现在已经学会了在Excel中改进数据可视化效果的方法。无论是用IF、COUNT和VLOOKUP等基本函数来整理数据，还是组合不同的图表类型，抑或是插入和对齐标签和数据标记，我希望你觉得自己的Excel知识提高了一个层次。

　　当然，本书并没有涵盖Excel的所有内容。我们没有讨论数组公式、表名称、VBA、PowerQuery或数据分析工具。如果有兴趣，可以通过其他资料学习和了解这些内容。

　　你可能受到这本书的启发，开始尝试其他数据可视化工具。比如Tableau或Power BI之类的仪表板工具，D3或R之类的编程语言，或者Datawrapper、Flourish这类基于浏览器的工具。这本书的重点并不是说Excel比其他工具好，它只是一个工具而已，有些功能你喜欢，有些不喜欢。

　　在你今后的数据可视化工作中，可以尝试从社交媒体上的图表和其他人制作的数据可视化图表中寻找灵感。当你看到让你眼前一亮的图表时，思考一下它是否由线条、条形或圆形组成，以及它是否可以放置在X-Y坐标轴中？如果是，那么你可以用在本书中学到的Excel技巧制作出类似的图表。